내 사랑 물리

내가 깨달은 사物의 理치랑 현상들

내 사랑 물리 내가 깨달은 사物의 理치랑 현상들

2권 | 유체역학·파동역학·열역학

—

초판 1쇄 2022년 05월 03일

—

지은이   김달우

펴낸이   손영일

디자인   장윤진

—

펴낸곳   전파과학사

출판등록   1956년 7월 23일 제10-89호

주 소   서울시 서대문구 증가로 18, 연희빌딩 204호

전 화   02-333-8877(8855)

팩 스   02-334-8092

이메일   chonpa2@hanmail.net

홈페이지   www.s-wave.co.kr

블로그   http://blog.naver.com/siencia

ISBN   978-89-7044-711-7 (04420)

내 사랑 물리

내가 깨달은 사物의 理치랑 현상들

글·그림 | 김달우

2권 | 유체역학·파동역학·열역학

전파과학사

머리말

"오늘은 아름다운 소식이 있는 날이거늘 우리가 침묵하고 있도다.

만일 밝은 아침까지 기다리면 벌이 우리에게 미칠지니

이제 떠나 왕궁에 가서 알리자." (열왕기 하 7 : 9)

우리가 살고 있는 자연은 아름다운 비밀로 가득 쌓여 있다. 자연을 모르고 바라볼 때는 내 인생과 별 인연 없는 그냥 자연일 뿐이지만 알고 보면 우리 스스로가 자연의 일부라는 것이 가슴 깊이 느껴진다. 겨울에는 흰 눈이 내리고 날씨가 추워져 호수의 물은 꽁꽁 얼어붙는다. 그래서 더운 여름에는 헤엄쳐서 건너야 할 강도 추운 겨울이 되면 걸어서 건널 수 있게 된다. 이는 부드러운 물이 딱딱한 얼음이 되기 때문에 가능한 일로써 온도가 일으키는 조화이다. 그런데 물이 얼더라도 얼음 아래에서는 물고기들이 헤엄쳐 다니고 있다. 만일 물이 호수 밑바닥부터 얼기 시작하면 물 속에 있는 고기들은 추위에 노출되어 얼어 죽을 텐데 다행히 물은 위에서부터 언다. 이것은 물이 4℃일 때 가장 무거워진다는 특성 때문에 일어나는 자연의 축복이다.

겨울에 내리던 흰 눈은 여름에는 아무런 색이 없는 투명한 빗방울로 변화된다. 비가 내린 후 공중에 떠있는 작은 물방울들에 햇빛이 비치면 하늘에는 일곱 가지 색깔의 무지개가 뜬다. 우리는 모두 같은 무지개를 본다고 생각하지만 사실은 내가 보는 무지개와 옆 사람이 보는 무지개는 서로 다르다. 이것은 아무리 가까이 다가가도 무지개를 잡을 수 없다는 사실과도 관련이 있다. 이러한 자연의 신비함은 우리가 항상 접하는 일상이다.

이와 같이 우리의 생활은 그 자체가 자연의 연속이다. 처음에는 자연을 있는 그대로 받아들였으나 그 이치를 깨닫고는 자연을 이용하게 되었다. 세월이 가는데서 시간이란 개념을 가지게 되고, 이웃마을로 찾아가는 데서 공간이란 개념을 가지게 되었다. 그리고 시간과 공간을 별개의 요소로 생각하지 않고 이들을 하나로 묶음으로써 속도, 가속도 등의 운동의 개념을 도입하게 되었다. 이러한 개념은 자연의 비밀을 파헤칠 수 있는 강력한 무기가 되어 물리학이 발달되었다.

자연의 비밀은 과학이라는 열쇠로 하나 둘씩 벗겨져 이제는 많은 부분이 이미 비밀이 아니다. 그러나 이러한 비밀들은 공개되기는 했으나 진정으로 이해하기 위해서는 깨달음이 있어야 한다. 인생의 스승은 책이라고 하기도 하고 사람이라고도 하지만 진정한 스승은 자연이 아닐까? 다만 자연은 말없이 가르치므로 스스로 깨닫기 어려울 뿐이다. 그래서 이 책에서는 물리학의 본질을 파악하기 위해서 내가 생활하면서 얻은 일상 경험을 연계시키면서 물리학에 관한 직관적인 개념을 이해할 수 있게 하였다.

필자는 눈에 보이는 자연 현상을 보고 사물의 이치를 깨닫는 것이 너무 즐거워서 과학자 외에는 아무것도 되고 싶지 않았다. 그런데 이러한 비밀들을 알고 있으면서 침묵을 지키는 것은 도리가 아닌 것 같아 아직도 그 비밀을 이해하지 못하고 있는 이들에게 숨겨진 보물들을 파헤쳐서 나누어주는 기분으로 이 글을 썼다.

신출귀몰하던 도둑이 잡히자 도둑을 맞지 않는 방법을 한 기자가 묻자, 그 도둑이 말하기를 '도둑을 막으려면 도둑의 입장에서 생각하라'던 말이 떠오른다. 독자의 입장에서 글을 쓰려고 애를 썼다. 부족하지만 이 책을 읽으면서 사물의 이치를 깨닫는 즐거움을 느끼고 물리학의 근본을 통해서 깨닫고 자연의 비밀을 이해하며 우리가 얼마나 자연의 축복을 받고 있는지 느끼기 바라는 마음 간절하다. 아는만큼 보인다는 말이 있다. 새로운 이치를 깨우치고 나면 마치 전구를 켰을 때처럼 이미 알던 것을 갑자기 더 명확하게 본질까지 이해하게 되는 경우가 있다.

"최첨단 과학으로 포장된 우주 핵물리학이란 것을 내가 전혀 이해하지 못하듯이, 도저히 따라잡을 수 없을 것 같은 기분이 들 정도였다." 이 글은 의과대학을 졸업하고 석박사 과정을 수료한 한 의사가 〈때론 나도 미치고 싶다〉라는 수필집(이나미 지음)에서 포스트모더니즘을 이해할 수 없다며 솔직한 심정을 고백한 글이다. 의사이자 박사인 사람도 전혀 이해하지 못하겠다고 대표적으로 내세우는 물리학을 일반인들이 쉽게 이해할 수 있도록 하겠다는 나의 야심이 단순한 욕심에 그쳐지지 않기를 바란다.

이 책은 물리학의 모든 분야를 다루고 있으며 수학을 사용하지 않고 스토리 텔링 형식으로 서술했다. 각각의 주제는 서로 독립적이기 때문에 어느 항목부터 읽어도 괜찮으므로 마음이 가는 이야기부터 읽으면 된다.

바다와 산이 모두 가까이 있는 마을, 지곡에서

김달우

목차

제1장

유체역학

헬렌 켈러의 물

"우리는 펌프 가를 뒤덮은 겨우살이 향기에 이끌려 오솔길을 걸었다. 누군가 펌프에서 물을 긷고 있었는데 선생님은 물이 뿜어져 나오는 꼭지 아래에다 내 손을 대셨다. 차디찬 물줄기가 꼭지에 닿은 손으로 계속해서 쏟아져 흐르는 가운데 선생님께서는 다른 한 손에다 '물'이라고 쓰셨다. 선생님의 손가락 움직임에 온 신경을 곤두세운 채 나는 마치 얼음 조각이라도 된 양 가만히 서 있었다. 갑자기 잊혀진 것, 그래서 가물가물 흐릿한 의식 저편으로부터 서서히 생각이 그 모습을 드러내며 돌아오는 떨림이 감지됐다. 언어의 신비가 베일을 벗는 순간이었다. 나는 그제야 지금 내 손 위로 세차게 내리 꽂히는 이 차가운 물줄기가 '물'이라는 것의 정체임을 알았다." ― 헬렌 켈러 자서전 (The Story of My Life) 중에서

생후 19개월이 됐을 때 열병을 앓고 시력을 잃은 헬렌 켈러가 어느날

갑자기 깨달았듯이 물이란 것은 손으로 느낄 수는 있지만 일정한 형태가 없다. 특히 공기는 형태만 없을 뿐 아니라 물 같은 촉감조차 없기 때문에 오랫동안 그 존재조차 알지 못했었다. 물이나 공기처럼 일정한 형태가 없는 물질을 유체라고 하는데 유체는 비록 형태는 없지만 무게는 있다. 이러한 무게로 인해서 압력을 나타내기도 하고 부력이 생기기도 한다.

물의 비중

물은 위에서부터 언다

깊은 호수에는 물이 두껍게 얼어도 얼음 아래에는 물고기가 살고 있다. 그래서 강태공들이 겨울에 맛볼 수 있는 즐거움 중의 하나는 얼음에 구멍을 뚫고 그 아래에서 노닐고 있는 물고기를 낚는 얼음낚시이다. 얼음낚시를 할 수 있는 것은 물이 항상 위에서부터 얼기 때문인데 그것은 물의 비중이 온도에 따라 특이하게 변하기 때문이다.

살얼음판 위를 걷는다

날씨가 추워지기 시작하여 물 위에 얼음이 살짝 얼면 발을 조금만 잘못 디뎌도 물에 빠지기 십상이다. 그래서 아주 위태로운 일을 진행할 때

'살얼음판 위를 걷는다'고 한다. 살얼음의 경우뿐 아니라 물은 항상 위에서부터 얼기 때문에 얼음이 어는 것은 금방 눈에 띈다.

물이 얼어도 물고기들은 산다

겨울에는 호수의 물이 두껍게 얼어도 얼음 아래에는 물고기가 살고 있다. 이는 물이 위에서부터 얼기 때문이다. 만일 물이 아래에서부터 언다면 날씨가 추워질수록 얼음은 강 밑바닥부터 얼어 위로 올라오면서 얼음의 두께가 두꺼워져 물은 점차 줄어들고, 결국은 물고기들이 모두 물

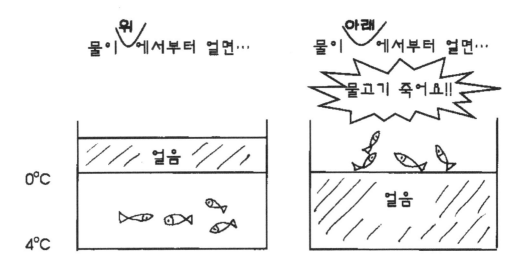

위에까지 밀려 올라와서 얼어 죽게 될 것이다. 그러나 다행히도 이런 일은 일어나지 않는다. 물이 위에서부터 언다는 것은 물고기에게 내린 커다란 축복이 아닐 수 없다.

물은 왜 위에서부터 얼까?

물이 위에서부터 어는 이유는 물의 비중이 온도에 따라 특이하게 변하기 때문이다. 일반적으로 기체나 액체는 온도가 내려갈수록 부피가 수축하므로 비중이 커진다. 그러나 물은 온도가 낮아짐에 따라 비중이 점점 커지다가 4℃ 이하가 되면 오히려 비중이 작아진다.

이렇게 물은 4℃일 때 가장 무거우므로 호수 밑바닥의 온도는 4℃ 가까이 되고 밑바닥에서 위로 올라갈수록 4℃와는 온도 차이가 많이 난다. 이러한 특성 때문에 얼음이 얼 때 물은 바닥에서 얼지 않고 표면에서부터 얼기 시작한다. 즉 날씨가 추워서 기온이 영하로 내려가면 표면의 물은 0℃가 되어 얼기 시작하지만 가장 아랫부분에는 4℃의 물이 분포되므로 얼지 않는다.

기온이 더 내려가면 얼음은 점차 아래쪽으로 얼면서 두꺼워진다. 한편 표면에 생성된 얼음은 물의 온도가 0℃ 이하로 내려가는 것을 막아주는 방한벽 역할을 하므로 깊은 호수나 강에서는 한 겨울에도 수초뿐 아니라 물고기도 살 수 있다.

얼음은 물에 뜬다

대부분의 액체는 온도를 낮추면 부피가 점점 작아지다가 마침내 응고점 이하에서는 얼어서 고체가 되므로 액체 상태보다 고체 상태의 비중이 더 크다. 그러나 물은 온도를 낮추면 4℃ 이하에서 점점 가벼워지다가 0℃에서 응고되어 얼음이 되므로 얼음은 물보다

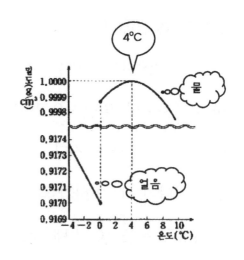

가볍다. 그래서 다른 물질과는 달리 얼음은 고체 상태임에도 불구하고 액체 상태인 물 위에 뜬다.

우리는 얼음이 항상 물 위에 떠 있는 것을 늘 보아왔기 때문에 자연스럽게 여기지만 이것은 물의 비중이 온도에 따라 특이하게 변하기 때문에 생기는 기이한 현상이다. 겨울에 차가운 바다나 호수에 얼음이 물 위에 떠있는 것도 물의 온도는 0℃ 이상인데 얼음은 이보다 비중이 작은 0℃ 물이 굳어져서 만들어졌기 때문이다.

유리컵에 들어 있는 물이 얼면 유리컵이 깨지는 것도 온도가 내려가면서 유리컵은 수축하는 반면 물은 얼면서 부피가 커지기 때문에 생기는 현상이다.

수수께끼

추우면 커지고 더우면 작아지는 것은?	… 고드름
눈이 녹으면 무엇이 될까?	… 눈물
물은 물인데 사람들이 가장 좋아하는 물은?	… 선물
물은 물인데 사람들이 가장 무서워하는 물은?	… 괴물
먹으면 탈나는 물은?	… 뇌물

바닷물은 잘 얼지 않는다(1)

추운 겨울날 강물은 얼어도 바닷물은 쉽사리 얼지 않는다. 이것은 바닷물에는 소금이 들어 있어 순수한 물보다 어는 온도가 내려가기 때문이다. 즉 3.5%의 소금을 포함한 바닷물의 어는점은 강물이 어는 온도보다 약 2℃ 가량 낮아진다. 또 물에 녹은 염분의 농도가 높을수록 어는점은 더 낮아진다.

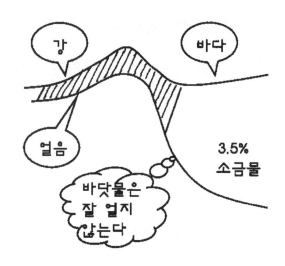

바닷물은 잘 얼지 않는다(2)

아주 추운 날에도 바닷물이 얼지 않는 것은 바다가 깊기 때문이다. 바다 속 깊은 곳에 있는 물의 온도를 4℃까지 내려가게 하는 데는 오랜 시간이 걸린다. 북위 45° 이하의 지역에서는 그 시간이 1년도 더 걸릴 것이다. 따라서 그 지역의 바닷물의 온도가 4℃로 내려가기 훨씬 전에 따뜻한 봄이 오게 되므로 얼음이 얼 틈이 없는 것이다.

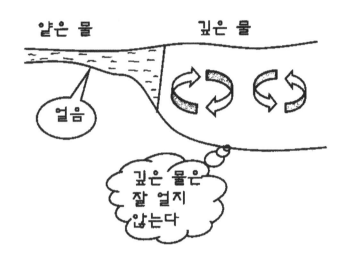

눈물은 잘 얼지 않는다

눈물은 염분이 있기 때문에 짭짤하다. 그래서 웬만큼 추운 날씨에도 눈물은 얼지 않는다.

부력
......

익은 만두는 물에 뜬다

만두를 빚어 물에 넣으면 아래로 가라 앉는다. 그러나 물이 끓으면서 만두가 점차 부풀어 오르면 위로 뜨는 것을 볼 수 있다. 만두가 부푸는 것은 열을 받아 만두 속에 포함되어 있던 수분이 기화하여 수증기로 변하였기 때문이다. 만두가 통통하게 부풀

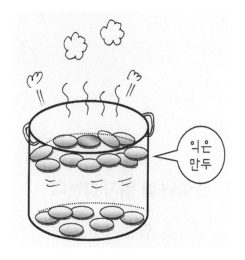

익은
만두

면서 익으면 만두의 무게는 일정하지만 부피는 커지므로 만두의 밀도는 물보다 작아지게 된다. 이때는 만두의 무게 때문에 아래로 가라앉으려는 힘보다 물이 만두를 위로 떠미는 부력이 더 커지므로 익은 만두는 물 위로 떠오르게 된다.

알곡은 가라앉고 껍데기는 물에 뜬다

벼를 추수해서 알곡을 골라내는 가장 단순한 방법은 벼를 담은 그릇에 물에 부으면 된다. 알곡과 껍데기가 겉모습은 같지만 속이 꽉찬 알곡은 물보다 무거우므로 가라앉고 껍데기는 속이 비어서 가벼우므로 물에 뜨기 때문이다. 똑같은 이치로 벌레 먹은 밤이나 도토리를 골라낼 때도 물에 넣어서 위에 뜨는 것만 건져내면 된다.

돌을 삼키는 악어

악어는 육지에서 사는 동물이므로 부레가 없다. 그래서 악어는 수면 바로 밑을 헤엄쳐 다니기 위해 돌덩어리를 삼켜서 전체 밀도를 조절한다. 실제로 큰 악어의 위에서는 주먹만한 돌덩어리가 흔히 발견된다고 한다.

물고기의 부레

물체가 물에 뜨는 것은 그 물체의 밀도가 물의 밀도보다 작기 때문이며, 가라앉는 것은 물의 밀도보다 크기 때문이다. 물고기들은 부레 속의 공기의 양을 조절하여 밀도를 변화시킴으로써 뜨기도 하고 가라앉기도 한다. 즉, 부레를 확장시키면 밀도가 작아지므로 떠오르고 부레를 줄이면 밀도가 커져서 가라앉는다. 그래서 물고기는 부레의 크기를 조절하여 자기가 원하는 적당한 깊이에서 헤엄을 칠 수 있다.

배와 잠수함의 밸러스트 탱크

물 속에서 운항하는 잠수함에는 물고기의 부레와 비슷한 기능을 하는 '밸러스트 탱크'라는 물 탱크가 있다. 잠수함 선체를 싸고 있는 두 겹의 철판 사이에 위치한 이 탱크에 물을 채우면 잠수함은 가라앉고, 압축 공기를 이용해 물을 밖으로 몰아내면 물 위로 떠오르게 된다. 이렇게 잠수함의 경우는 빈 칸에 물을 넣거나 빼서 무게를 조절함으로써 잠수함의 밀도를 변화시킨다.

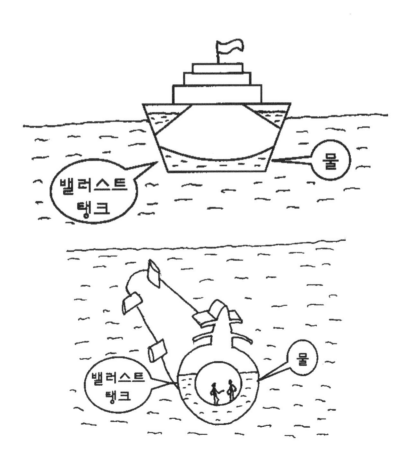

배에도 밸러스트 탱크가 있다. 배가 목적지에서 화물이나 사람을 하역하고 빈 배로 돌아올 때는 배의 무게가 가벼워져 물에 잠기는 깊이(흘수)가 얕아진다. 흘수가 얕아지면 배는 안정성이 없어져 작은 파도에도 쉽게 전복될 뿐 아니라 배를 추진하는 프로펠러가 물 위로 올라와 배가 정상적으로 항해하는 것도 어렵게 된다. 이를 방지하기 위해서 배 밑바닥과 측면에 물을 채울 수 있는 밸러스트 탱크를 만드는데, 화물을 실었을 때는 이 공간을 비워두지만 화물이 없을 때는 해수(밸러스트 수)로 채운다. 밸러스트 수는 배 무게의 약 40%를 차지하며 이 물은 목적지 연안에서 버려진다.

유머

<처녀 뱃사공과 김삿갓>

김삿갓이 강을 건너기 위해 처녀 뱃사공이 노 젓는 배에 올라 타게 되었는데 김삿갓은 심심했는지 뱃사공을 향해서 한마디 하였다.

"여보 마누라~"

그러자 무심히 노를 젓던 처녀 뱃사공이 깜짝 놀라

"어째서 내가 댁네 여보 마누라란 말이요" 하니 김삿갓이 하는 말이

"내가 당신 배에 올라 탔으니 내 여보 마누라지~" 하였다.

강을 다 건너자 저만큼 가는 김삿갓에게 처녀 뱃사공이

"아들아~" 하고 불렀다.

깜짝 놀란 김삿갓이 뒤돌아 보며

"내가 어찌 처녀의 아들인가" 하니

"내 뱃속에서 나갔으니 내 아들이지~"

이 말에는 김삿갓도 할 말을 잃고

"맞는 말일세 그려" 하였단다.

히에론의 왕관

기원전 3세기, 이탈리아 시칠리 섬의 동부에 시라큐사라는 도시국가
가 있었다. 이곳의 왕 히에론은 귀금속 세공업자에게 순금 왕관을 주문
하였다. 그런데 왕관을 만든 세공업자는 기술은 좋으나 정직하지 않다는

평이 있었을 뿐 아니라 왕관에 다른 물질을 섞었다는 소문이 나돌았다.

의심이 생긴 왕은 왕관이 순금인지 아닌지를 알아보도록 알키메데스에게 부탁하였다. 그러나 그 때의 기술로는 왕관을 녹여서 성분을 분석하면 순금 여부를 알 수 있으나 왕관을 부수지 않고 알 수 있는 방법은 없었다. 역사적으로 보면 히에론의 왕관은 알키메데스가 부력을 발견할 수 있는 계기를 만들어주었다.

알키메데스는 목욕하다가 무엇을 깨달았나?

날마다 왕관의 진실을 파악할 수 있는 방법에 골몰하던 알키메데스는 어느 날 목욕을 하고 잠을 자려고 물이 가득 찬 욕조에 들어섰다. 몸을 욕조에 담그자 물이 밖으로 흘러 넘침과 아울러 그의 몸이 가벼워지는 것을 느꼈다. 물이 가득 찬 욕조에 들어가면 물이 넘치는 것은 너무나 당연한 일이고, 물 속에서 몸이 가볍게 느껴진다는 것도 이미 알고 있는 사실이었다. 그런데 이 두 가지 현상이 동시에 일어난다는 생각이 머리를 스치는 순간 알키메데스는 이 두 가지의 일이 서로 무관하지 않고 필연적으로 동시에 일어날 수 밖에 없다는 사실을 직감적으로 깨달았다.

욕조에 몸을 담갔을 때 '물이 넘치는 양'과 '몸무게가 줄어든 양' 사이에는 어떤 물리적인 관계가 있다는 것을 확신한 것이다. 그는 너무 기쁜

나머지 발가벗었다는 사실도 잊은 채 욕조에서 뛰어 나와 '유레카'(알았
다)라고 소리치며 거리를 질주하였다.

그는 도대체 무엇을 '알았다'는 것일까? 조금 후, 정신을 차리자 알키
메데스는 자기가 깨달은 것이 맞는지 실험으로 입증을 하였다. 우선 욕
조에서 넘친 물의 무게를 측정하고 물 속에서의 몸무게를 측정하여 보니
자기가 가벼워졌다고 생각한 몸무게가 욕조에서 흘러 넘친 물의 무게와
정확히 일치하였다. 즉, 욕조에서 넘쳐 나온 물의 무게만큼 몸이 가벼워
진 것이다.

이렇게 물 속에 몸을 담그면 물 속에 잠긴 몸의 부피에 해당하는 물의
무게만큼 몸무게가 가벼워지는데 이것은 우리 몸뿐 아니라 어떤 물체의
경우에도 해당된다. 이렇게 물 속에 들어있는 물체의 무게를 가볍게 하

는 힘을 부력이라고 하는데 부력은 물뿐 아니라 모든 액체 및 기체, 즉 모든 유체에 적용된다. 이를 알키메데스의 원리라고 한다. 알키메데스는 자신이 발견한 원리를 이용해서 왕관은 순금으로 만들어지지 않았음을 밝혀 내었다고 한다.

알키메데스(Archimedes, B.C. 287~212)

알키메데스는 큰 돌을 쏘아 보내는 투석기, 적군의 함대를 태워버릴 수 있는 대형 거울, 물을 낮은 곳에서 높은 곳으로 끌어올리는 양수기, 무거운 물체를 들어올리는 도르래 등을 발명하였으며, 원주율(π)이 3.1408보다는 크고 3.1429보다는 작다는 것을 알았다. 그는 자연 현상을 수학적으로 설명하려는 노력을 기울인 최초의 과학자로 평가된다. 수학을 이용하여 자연 현상을 설명하려는 그의 태도는 그의 죽음과 함께 사라져 버렸다가 16세기부터 다시 되살아났으며, 이런 전통은 갈릴레이에 전해져 자연 현상을 수학적으로 설명하려는 근대 과학의 정신적 바탕이 되었다.

무거운 것은 가라앉고 가벼운 것은 뜬다

얼음은 물보다 가벼우므로 물에 뜨고 나무도 물보다 가벼워서 물에 뜬다. 그리고 쇠는 물보다 무거우므로 가라앉는다. 그러나 물에 뜨는 물체든 가라앉는 물체든 물 속에 들어가면 더 가벼워진다. 물에 의해서 가벼워지는 것은 물 속에 잠긴 부피만 해당되며 이 부피에 해당하는 물의 무게만큼 가벼워진다. 해녀들은 몸이 물 속에 완전히 잠기면 몸이 너무 가벼워져서 물 속으로 들어가기가 어렵게 되므로 허리에 무거운 납으로 만든 띠를 두르고 자멱질을 한다.

무거운 것도 뜰 수 있다

쇠처럼 무거운 물질도 물에 뜨게 할 수 있다. 일반적으로 쇠는 물에 가라앉지만 속이 빈 얇은 공이나 대야처럼 오목한 형태로 만들면 물에 뜬다. 즉, 같은 물질이라도 형태에 따라서 뜰 수도 있고 가라앉을 수도 있다. 이러한 사실은 약 2300년 전에 알키메데스가 물 속에 잠긴 물체의 부피를 크게 만들수록 더 가벼워진다는 것을 발견해서 알려졌지만 실제로는 알키메데스가 부력의 원리를 발견하기 전부터 배는 이미 사용되고 있었으며, 약 5000년 전에 돛단배가 항해에 이용되고 있었다.

알키메데스의 원리를 실제로 배에 적용해서 무거운 쇠로 만든 철선을 사용한 것은 불과 200년 정도 밖에 되지 않는다. 강철이 무겁더라도 강철을 넓게 펴서 속을 비게 만들면 물에 잠긴 부분의 부피만큼 물을 밀어

내므로 밀어낸 물의 무게가 전체의 강철 무게보다 크면 강철은 물에 뜨게 된다. 이것이 바로 수천 톤이나 되는 강철 배가 물에 뜨는 원리이다. 그러나 사고로 배에 물이 들어가서 배와 물을 합한 평균 비중이 물보다 커지면 배는 가라앉게 된다.

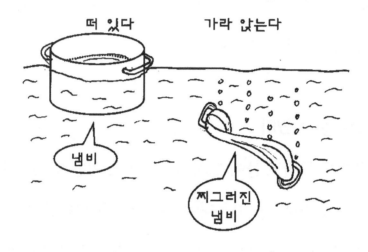

수영

우리가 수영을 할 수 있는 것도 물 속에서 몸이 가벼워지기 때문이다. 물에서 가벼워지는 것은 물 속에 잠긴 부피만 해당되고 물 위에 나온 부분은 전혀 가벼워지지 않는다. 따라서 물에 가라앉지 않으려고 발버둥치며 몸을 물 밖으로 내면 낼수록 몸은 오히려 더 가라앉게 되고 온 몸을 물 속에 담그면 몸이 더 잘 떠오른다.

사해

면적 1,020km², 동서 길이 15km, 남북 길이 약 80km, 최대 깊이 399m, 평균 깊이 146m인 사해의 수면은 해면보다 395m 낮아 지표상의 최저점을 기록한다. 이스라엘과 요르단에 걸쳐 있으며 북으로부터 요르단 강이 흘러 들지만, 호수의 유출구가 없다. 이 지방은 건조 기후이기 때문에 유입 수량과 거의 같은 양의 수분이 증발하므로 염분의 농도가 대단히 높아 표면수에서 200퍼밀(바닷물 농도의 약 5배), 저층수에서는 300퍼밀이다. 따라서 하구 근처 외에는 생물이 거의 살지 않으며 죽음의 바다를 뜻하는 사해(死海)라는 이름도 여기에서 연유되었다.

수영을 못하는 사람도 사해에서는 잘 뜬다. 심지어는 물 위에 누워서 책을 읽을 수도 있다. 물체는 유체에 잠기면 가벼워지는데 가벼워지는 정도는 유체의 밀도에 따라 달라진다. 사해 호수는 높은 염분 때문에 물보다 밀도가 훨씬 크며 인체의 밀도보다도 더 크다. 그래서 사해는 몸이 뜨기 쉬운 것으로 유명하다. 우리의 몸이 강물에서보다 바닷물에서 더 잘 뜨는 것도 바닷물이 강물보다 밀도가 더 크기 때문이다. 마찬가지 이유로 계란은 수돗물에서는 가라앉지만 바닷물에서는 뜬다.

빙산의 일각

극 지방의 빙하는 육상에 쌓인 눈이 자체의 무게로 압력을 받아 단단한 얼음으로 바뀐 것이다. 이 빙하가 서서히 지형이 낮은 곳으로 이동하여 바다로 떨어져 나간 것이 빙산이다. 빙하의 상층부에서 떨어져 나온 빙산은 비중이 작고, 내부

에는 눈의 결정이나 공기방울이 많이 들어 있어서 멀리서 보면 흰색으로 보인다. 그러나 빙하의 내부 아래쪽에서 만들어진 얼음은 높은 압력으로 단단하게 다져지기 때문에 공기방울도 작게 압축되어 투명하게 보인다.

빙산은 비중이 약 0.85~0.91이므로 해수면 상에는 빙산의 일부만이 물 위에 드러나 있고 대부분의 빙산은 수면 아래에 숨어 있다. 그래서 큰 사건의 일부만 드러나 있을 때 '빙산의 일각'이란 말을 쓴다.

수직으로 솟은 배

배가 빙산과 충돌하여 침몰하는 과정을 보면 처음에는 배 밑바닥으로 물이 들어와 한 쪽이 물 속으로 기울어지고 결국은 바다 속으로 가라앉

는다. 이와 같이 배가 가라앉기 전에 배의 한 쪽이 물 속에 잠긴 것과 같은 형태로 만든 배가 있다. 심해 바닷물의 움직임과 생태를 파악하는 연구를 위해 제작된 조사선으로써 바다에 수직으로 솟아 있어 배의 밑 부분이 바닷속으로 깊게 잠기도록 설계된 배이다.

이 조사선이 물에 뜨기 위해서는 물 속에 잠긴 부분의 밀도가 물의 밀도보다 작아야 한다. 따라서 바다에 잠긴 부분에 빈 공간을 만들거나 방을 만들어서 평균 밀도를 줄였다. 이 배의 윗부분은 아래 부분보다 밀도가 더 작고 무게 중심은 바닷속에 있어 심한 파도에도 쓰러지지 않고 바로 설 수 있게 제작되어 있다.

썩은 계란은 물에 뜬다

계란의 비중은 물보다 약간 크고 진한 소금물보다는 조금 작으므로 물에는 가라앉고 소금물에는 뜬다. 그런데 계란이 오래 되면 크기는 변하지 않지만 내용물은 조금씩 증발되므로 무게는 줄어든다. 따라서 썩은 계란은 물에 뜬다. 이와 같이 계란은 오래될수록 비중이 작아지므로 비중을 이용하면 계란의 신선도를 측정할 수 있다. 신선란의 비중은 1.0784~1.0914이며 시간이 지남에 따라 매일 비중이 0.0017~0.0018씩 감소한다. 따라서 소금물의 비중을 변화시키며 계란이 뜨고 가라앉음을 보면 계란의 신선도를 몇 개의 등급으로 판별할 수 있다. 농도가 진한 소금물에 가라앉을수록 더욱 신선한 계란이다.

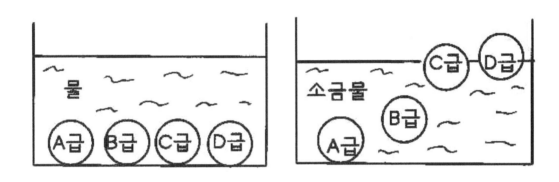

A급 : 11%의 식염수 (비중 1.08)에서 가라앉는 것 — 신선란

B급 : 10%의 식염수 (비중 1.07)에서 가라앉고 11%의 식염수에서 떠오르는 것 — 약간 신선함

C급 : 8%의 식염수 (비중 1.06)에서 가라앉고 10%의 식염수에서 떠오르는 것 — 약간 오래 되었거나 부패 우려가 있는 것

D급 : 8%의 식염수에서 떠오르는 것 — 오래된 것이거나 부패된 계란

부력을 이용한 갈릴레이 온도계

최초의 온도계는 갈릴레이가 발명한 온도계인데 그 원리는 부력을 이용한 것이다. 갈릴레이 온도계는 밀봉된 둥근 파이프 안에 액체가 들어있으며 비중이 조금씩 다른 유리 공들이 액체 속에 잠겨있다. 액체 속에서 유리 공은 부력을 받는데 부력의 크기가 유리 공의 무게보다 큰 경우는 위로 뜨고 작은 경우는 아래로 가라앉는다. 그리고 공의 무게와 부력의 크기가 정확히 일치하는 유리 공은 액체 중에 정지해 있으므로 온도를 측정할 수 있다. 이는 마치 소금물에서 계란이 뜨거나 가라앉는 것을 보고 계란의 상태를 파악하는 것과 유사한 원리이다.

공기의 부력을 받는 풍선

물 속에서 물체의 무게가 가벼워지듯이 공기 중에서도 물체의 부피에 해당하는 공기의 무게만큼 물체는 가벼워진다. 그러나 공기는 물보다 훨씬 가볍기 때문에 우리는 가벼워지는 것을 잘 느끼지 못한다. 그러나 부피가 클수록 부력도 커지므로 무게에 비해서 부피가 큰 풍선은 부력의 영향을 많이 받는다. 풍선이 공중에 떠오르게 하려면 풍선의 무게가 공기의 부력보다 작아야 한다. 그래서 공기보다 가벼운 수소나 헬륨 기체로 풍선을 채운다.

수소 풍선이 공중에 뜨는 것은 수소 무게만큼 풍선의 무게는 무거워지지만 풍선의 크기에 해당하는 공기의 무게만큼 가벼워지기 때문이다. 풍선을 아주 크게 만들면 사람이 타고 공중을 날 수도 있다. 하늘 높이 올라가면 공기의 밀도가 작아지므로 풍선은 더 이상 올라가지 못한다. 또한 공기가 없는 달에서는 수소 풍선이 공중에 뜨지 않고 가라앉는다.

배는 물에 뜨고 비행선은 공중에 뜬다

물체가 떠있다는 의미는 물체의 무게만큼 유체가 부력을 작용하였다는 것이다. 즉, 배는 밀어낸 물의 무게만큼 가벼워지는 부력에 의하여 물 위에 뜨고 비행선은 비행선의 크기에 해당하는 공기의 무게만큼 가벼워

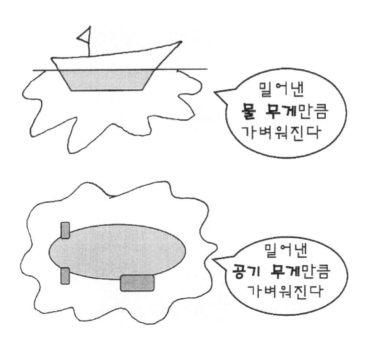

지기 때문에 공중에 뜨는 것이다. 그런데 공기는 물보다 밀도가 훨씬 작으므로 비행선의 크기는 배보다 훨씬 더 커야 된다. 이러한 크기의 제한 때문에 비행선은 발명 초기에만 항공 교통수단으로 사용되고 더 이상 개발되지 않았으며 요즘은 주로 광고용으로 쓰이고 있다.

퀴즈

공기를 많이 넣은 풍선과 적게 넣은 풍선을 저울에 달면 어느 것이 더 무거울까?

답 : 똑같다. 공기가 들어있는 풍선은 공기 무게만큼 더 무겁지만 풍선이 커진만큼 부력을 더 받으므로 공기의 부력에 의해 저울에는 순수한 풍선의 무게만 나타난다.

알키메데스의 이중 양피지

1998년 10월 29일, 뉴욕의 크리스티 경매장에는 유난히 많은 사람들의 관심이 집중되었다. 왜냐하면 이 날 경매장에 나온 물건들 중에는 12세기경에 쓰여진 낡고 작은 기도책이 한 권 있었기 때문이다. 이 기도책은 탁상일기 정도의 작은 크기이기 때문에 언제나 들고 다니기 좋게 만들어져 있었다. 이것은 양피지에 잉크로 직접 글을 적은 것인데 일부는 불에 거슬려지기도 하고, 강한 화공약품이 떨어져 얼룩이 져 있기도 하였다. 그런데 더욱 심각한 것은 양피지 위에는 썼다가 지운 흔적들이 역력히 남아 있었다. 이 기도책은 그 동안 정신이 이상한 사람들에게서 마귀를 쫓아내는 주문을 하기 위한 휴대용 기도서로 사용되었는데 많은 효험을 본 것으로 알려져 있다.

경매가 시작되자 많은 사람들이 경매에 응했다. 그러나 금액이 50만 불, 백만 불로 높아지면서 모든 사람들이 포기하고 최후에 두 명만이 남게 되었다. 그 중의 한 명은 그리스 정교에서 권한을 위임받아 나온 사람이고 다른 한 사람은 익명의 개인 수집가였다. 최종적으로 개인 수집가는 200만 불을 제시하였고, 그리스 정교에서 파견나온 사람은 어디론가 전화를 한 후 더 이상의 금액을 제시하는 것을 포기하여 그 기도책은 결국 개인 소장가에게 낙찰되었다.

그는 이 책을 볼티모어에 있는 월터스 미술관에 기증하여 일반인들이 관람할 수 있도록 그 다음 해 6월부터 9월까지 전시회를 열었다. 미술관 측에서는 최신 영상기법을 사용하여 그 기도책에 지워진 채 남아 있는 글자와 그림들을 복원하여 원본과 함께 전시하였는데 그 지워진 내용들은 놀랍게도 그 동안 행방이 묘연하던 알키메데스의 논문을 기록한 진본이었다.

　알키메데스는 기원전 287년에 시실리 섬의 시라큐스라는 도시에서 천문학자이며 수학자인 피디아스의 아들로 태어났다. 그 당시 시라큐스는 상업뿐 아니라 예술, 과학의 허브 역할을 하는 중요 도시일 뿐 아니라 로마와 카르타고 사이에 놓여 있어 지리적, 정치적으로도 대단히 중요한 위치에 있었다. 당시의 히에로(Hiero) 왕은 정치력을 동원하여 자치 방어를 하는 한편 알키메데스에게 성벽을 강화하라고 지시하였다. 이에 알키메데스는 성벽을 튼튼히 쌓는 한편 성벽에 거울로 특수 장치를 하여 침략하는 로마 함대를 햇빛으로 태워 격파시킴으로써 2년 동안 로마 군을 속수무책으로 만들었다.

　하루는 시라큐스가 로마 군에 침략당하는 것도 모르고 75세의 노 과학자 알키메데스는 땅에 그림을 그리며 연구에 몰두하고 있었다. 당시 로마 군의 대장 마르셀러스는 알키메데스를 존경하고 있었으므로 시라큐스를 침공하자마자 알키메데스를 모셔오라고 군인을 보냈다. 그 군인이 알키메데스를 찾은 후 동행할 것을 요구하자 알키메데스는 귀찮다는 듯 기하학 문제를 푸는 데만 정신을 집중시켰다. 그러자 그 군인은 패잔병에게 업신여김을 받았다는 생각에 화가 머리 끝까지 치밀어 그만 창으로 찔러 알키메데스는 어이없는 죽음을 맞게 된다.

뒤 늦게 이 보고를 받은 마르셀러스는 알키메데스를 성대하게 장사 치르고, 그가 밝혀낸 기하법칙 중의 하나를 나타내는 실린더 속에 구(球)가 그려진 그림을 비석에 그려 넣어 알키메데스의 위대함을 표명하였다. 알키메데스는 시라큐스의 방어에도 노력했지만 평소에는 농사짓는데 손쉽게 물을 공급하기 위하여 양수기도 고안하였다. 이것은 요즘도 '알키메데스의 스크류'로 불리는 초기 형태의 양수기이다.

그러나 알키메데스가 우리와 친숙한 것은 무엇보다도 부력의 원리이다. 그는 히에로 왕의 왕관이 순금인지 아닌지를 골똘히 생각하다가 드디어 목욕탕 속에서 몸이 가벼워진다는 것을 깨닫고 왕관이 순금이 아님을 밝혀낸다. 이러한 부력의 원리뿐 아니라 다른 여러 편의 논문이 크리스티 경매장에서 경매에 붙여진 기도책에 지워진 채로 희미하게 남아있었던 것이다.

이 책은 "알키메데스의 이중 양피지"라고 알려져 있는데 알키메데스가 어떻게 그의 수학적 정리를 기계적인 의미로 도출했는가를 설명하는 논문이 포함된 유일한 책이다. 또한 '부력에 관하여'라는 오리지널 그리스어로 쓴 유일한 고문서이다. 알키메데스는 그 논문에서 부력에 관한 물리학적 설명과 아울러 비중의 원리에 관한 공식적인 설명을 하였다.

사실, 알키메데스가 살던 기원전 3세기에는 오늘 날과 같은 형식의 서적이 발명되기 전이었다. 알키메데스는 종이의 원조라 할 수 있는 파피루스 두루마리에 자신의 이론과 그림을 기록하였다. 그러나 이런 기록은 시간이 오래 지나면 탈색되고 파피루스가 부서지기 때문에 오랫동안 사용할 수 없었다. 그래서 알키메데스의 기록은 그의 뒤 세대에서 옮겨 쓰고 이를 다시 옮겨 쓰고 하며 계승되어 내려왔다.

오늘 날과 같은 형식의 책은 기원 후 4세기경 나무 판자 사이에 양 가죽이나 소 가죽, 염소 가죽 등을 끼워서 만들었다. 파피루스 두루마리에 옮겨 적던 알키메데스의 작품은 10세기 경에 중세 도시인 콘스탄티노플(현재의 이스탄불)에서 양피지에 옮겨 적어 책으로 제본되었다. 알키메데스가 죽은 지 1000년이 넘어서야 책으로 만들어졌지만 이것이 알키메데스의 가장 오래된 고문서이며 이번에 경매된 서적이다.

그의 연구 논문들이 콘스탄티노플에서 책으로 만들어지게 된 경위는 9~10세기경 제국을 다스리던 마케도니아 왕조의 콘스탄틴 7세가 학문을 숭상하여 알키메데스의 작품을 매우 귀하고 보존성이 뛰어난 양피지에 옮겨 적도록 하였기 때문이다. 그 후 12세기경 십자군 전쟁으로 인하여 양피지가 귀하여지자 옛날 책을 뜯어 글자를 지우고 그 위에 새로 글을 써서 책을 만드는 이른바 재생 서적이 많이 만들어졌다.

콘스탄티노플에서는 이러한 격동기 동안 알키메데스의 진보된 수학 논문은 중요하게 인정되지 않았다. 그 보다 더욱 시급한 것은 수도승들이 마귀를 쫓아내고 영혼을 구제하는 종교적인 의식에 필요한 기독교 서적들이었다. 그래서 알키메데스의 책도 기독교의 포켓용 기도책으로 재생되었다. 우선 책을 페이지마다 뜯어서 화공약품으로 글자나 그림들을 지우고 이것을 반으로 잘랐다. 그리고 양피지를 90° 각도로 돌려 놓고 글을 다시 적어 지운 글씨에 의한 영향을 적게 받도록 하였다. 이 양피지들은 나무 판 사이에 끼워 기도책으로 다시 태어났던 것이다.

이 책은 그 후 성스런 책으로 인정받아 예루살렘과 사해 사이에 있는 홀리랜드라는 곳의 그리스 정교회 수도원에 보관되었다. 그리고 이곳에서 400년 이상 기독교 종교도서로 사용되어 오다가 1800년대 초반에 콘스탄티노플에 있는 교회로 옮겨졌다. 1846년에 성서학자 티센도르프가 그 교회를 방문하여 그 곳에 수집된 고문서들을 살피고 이중 양피지 고문서 중에 수학에 대해 적혀 있는 한 권만이 가치가 있는 것 같다고 언급했다. 그런데 그가 떠난 후 알키메데스의 이중 양피지중 한 장이 실종되었는데 이것은 1983년에 영국 켐브리지 대학 도서관에서 발견되었다.

1907년에는 덴마크의 언어학자 요한 하이부르크가 콘스탄티노플에 있는 도서관에서 희미하게 흔적만 남아있는 "알키메데스의 이중 양피지" 문서를 돋보기 한 개를 손에 들고 꼼꼼하게 번역하였다. 그는 현존하는 알키메데스의 작품을 포함하는 것 중 가장 오래된 원문 원고를 발견했을 뿐 아니라 그전에 전혀 알려지지 않았던 '기계적 이론의 방법'이란 논문을 처음으로 발견했던 것이다. 하이부르크의 발견은 1907년 7월 16일 당시 최대 일간지인 뉴욕타임스 지의 표지 기사로 대서 특필되었다.

이렇게 알키메데스의 이중 양피지는 1846년과 1907년, 두 차례에 걸쳐서 대중들 앞에 잠깐 모습을 비치고 그 후 종적이 묘연하였다. 그러다가 드디어 1998년에 크리스티 경매장에 모습을 나타낸 것이었다. 특히 이 물건이 그리스 정교(Greek Orthodox Church)의 교회 도서관에서 도난을 당한 것이므로 원 주인인 그리스 정교에 소속되어야 한다고 재판에 계류 중이었기 때문에 경매장에 나오기 전부터 세인의 관심을 더 많이 끌었다. 재판 결과, 경매에 붙여도 좋다는 허락이 내려졌으며, 그리스 정교에서는 자존심을 걸고 "기도서"로서의 그 고문서를 되찾고자 했으며, 익명의 수집가는 "알키메데스의 이중 양피지"로서의 그 고문서를 사서 알키메데스의 과학적인 가치를 되찾고자 했던 것이다.

알키메데스의 작품은 한 때 헌 신짝처럼 내버려졌으나 기도책의 이면에 모습을 감춘 채 지금까지 살아온 것은 차라리 경이롭게 여겨진다. 그리고 진실한 가치는 잠시 빛을 잃더라도 결국은 그 모습을 나타내는 모양이다. 기도문을 적기 위한 한낱 소재로 취급되던 물건이 이제는 가치가 뒤바뀌어 화려하게 그 모습을 나타내었다.

파스칼의 원리

치약을 짜다가 부부싸움을 한다

부부싸움은 사소한 일에서 비롯되는 경우가 많다. 그 중 하나가 치약을 짜면서 벌어진다. 남편은 치약의 아래 부분부터 가지런히 눌러서 짜는데 아내는 치약의 중간 부분을 아무렇게나 눌러 짜든지 아니면 그 반대의 경우이다. 치약의 끝부분을 눌러 짜는 사람은 아무데나 눌러 짜는 것이 영 마음에 들지 않는다. 치약의 중간 부분이 찌그러져 보기 싫다고 생각하기 때문이다. 반면에 치약의 아무 부위나 눌러서 짜는 사람은 끝 부분만 눌러 짜는 사람을 답답하고 꽉 막힌 사람이라고 생각한다. 어차피 치약만 나오면

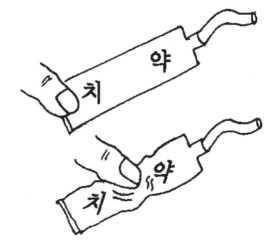

되지 왜 끝을 눌러야 되느냐고 항변한다.

어느 집에서는 매일마다 겪을지도 모르는 이러한 사소한 치약 짜기 다툼은 어디를 누르든지 치약이 나오기 때문에 벌어질 수 있는 일이다. 우리는 매일 치약을 사용하기 때문에 어디를 눌러도 치약이 나온다는 사실을 너무나도 당연하게 생각하고 있지만 여기에는 액체만이 가지고 있는 놀라운 과학적 원리가 들어 있다.

3색 치약

요즘은 치약 짜기에 얽힌 부부싸움을 승화시켜서 3색 치약이 등장하였다. 치약의 어느 부분을 눌러 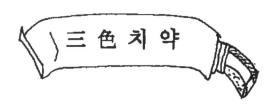 도 빨강, 파랑, 흰색의 세 가지 색깔이 고르게 짜져서 시각적인 즐거움을 더해준다. 이렇게 여러 가지 색깔이 고르게 짜지는 것은 치약의 모든 부분이 골고루 힘을 받기 때문이다.

수수께끼

아프지도 않으면서 매일 입에 넣는 약은?　　　　　　　… 치약

뉴튼과 파스칼

파스칼 이전에는 모든 물체는 힘을 주는 방향으로 움직인다고 생각했다. 이것은 뉴튼이 발견한 가장 중요한 기본적인 물리법칙이며 지금도 믿고 있는 사실이다. 그런데 이러한 뉴튼의 법칙은 고체에만 적용되며 액체나 기체 같은 유체에는 적용되지 않는다. 파스칼은 밀폐된 용기에 들어있는 유체의 경우, 어느 방향으로 힘을 주든지 유체는 모든 방향으로 힘을 받으며 결국은 구멍이 뚫린 쪽으로 유체가 분출된다는 사실을 발견하였다. 즉, 치약이 나오는 구멍은 한 군데밖에 없으므로 치약의 어느 부분을 눌러도 치약은 그 구멍을 통해서 나온다.

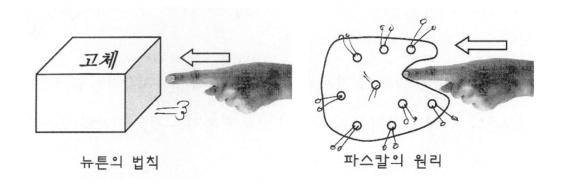

뉴튼의 법칙   파스칼의 원리

한약 짜기와 두부 만들기

요즘은 보기 드문 풍경이지만 예전에는 한약에는 정성이 들어있어야 한다며 헝겊에 한약을 싼 후 힘들여 한약을 짰다. 우선 약탕기에 한약을 넣고 다린 후, 약이 우러나면 찌꺼기 채로 한약을 베에 싸고 막대기로 쥐어 짜서 한약을 받아내었다. 이 때 막대기의 역할은 베를 눌러주는 역할을 한

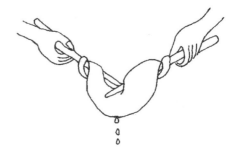

다. 막대기를 어느 방향으로 누르든 한약은 베를 통해서 밖으로 나온다.

두부를 만들 때도 맷돌로 콩을 간 후, 콩 물이 엉겨붙기 시작하면 베를 깐 틀에 물기가 많이 있는 콩 물을 부어 넣고 위에서 무거운 물체로 눌러주면 물만 틀 밖으로 빠져나와 단단한 두부가 만들어진다.

인공호흡

물에 빠진 사람을 건져내면 제일 먼저 하는 일이 인공호흡이다. 물에 빠진 사람을 바닥에 눕혀놓고 배를 꾹꾹 눌러주는데 이러한 조치를 하면 뱃속에 들어 있는 물과 함께 이물질을 토해내게 된다. 이것은 배를 누르는 압력이 위의 내부에 사방으로 전달되어 결국은 뚫린 구멍인 식도를 통하여 몸 밖으로 배출되기 때문이다.

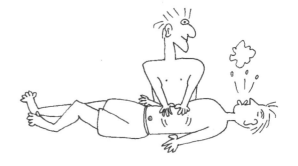

그릇에 담긴 물에 힘을 주면?

얇은 막으로 밀폐된 그릇에 담긴 물과 뚜껑 없이 노출된 그릇에 담겨 있는 물을 손가락으로 누르면 이들은 전혀 다른 반응을 나타낸다. 뚜껑 없는 그릇에 담긴 물에 손가락을 넣으면 물 속에 잠긴 손가락 부피만큼 물이 흘러 넘친다. 그러나 밀폐된 용기 속에 들어 있는 유체에 힘을 가하면 손가락으로 눌리는 부분은 오목하게 들어가지만 다른 부분은 볼록하게 튀어나온다. 이것은 손가락으로 누르는 힘이 용기의 모든 방향으로 전달되기 때문이다. 그러므로 물이 가득 찬 밀봉된 용기에 구멍을 한 개 뚫어 놓으면 어디에서 어떤 방향으로 압력을 가해도 용기 속의 물은 그 구멍을 통해 밖으로 뿜어져 나오게 된다. 일상생활에서 자주 경험하기 때문에 너무나도 당연하게 받아들여지고 있는 이 놀라운 현상은 1653년에 파스칼에 의해 처음으로 그 과학적 원리가 밝혀졌다.

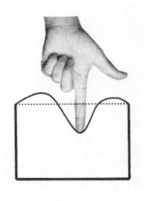 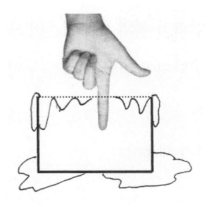

파스칼의 원리

구멍 뚫린 공을 손가락으로 누르면 모든 구멍을 통해서 물이 밖으로 뿜어져 나온다. 이것은 밀폐된 용기 안에 액체가 채워져 있을 때 액체의 일부에 가해진 힘은 용기의 모든 부분에 동일한 압력으로, 수직 방향으로 작용함을 의미한다.

따라서 입구가 좁은 병에 작은 힘을 가하면 면적이 넓은 밑바닥에는 큰 힘이 전달된다. 예를 들어 입구보다 밑바닥이 20배 넓은 밀폐된 병에 액체가 담겨 있을 때, 병의 입구에 10kg짜리 작은 돌을 올려놓으면 병의 바닥은 200kg짜리 바위가 놓인 것과 같은 큰힘을 받게 된다.

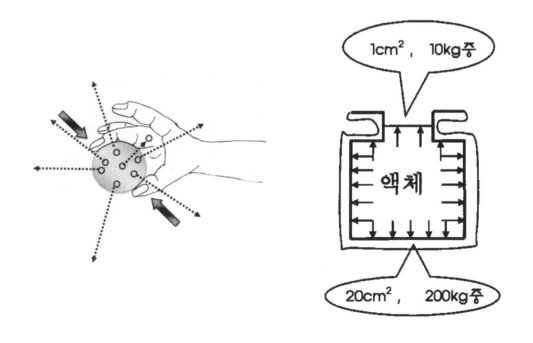

파스칼 의자

시소처럼 한 쪽에는 무거운 어른이 앉고 다른 한 쪽에는 가벼운 어린이가 앉아도 평형이 유지되는 '파스칼 의자'라는 놀이기구가 있다. 이 기구는 액체가 가득 찬 밀폐된 파이프의 양쪽에 피스톤이 연결되어 있는데 어린이가 앉는 의자가 얹힌 피스톤은 작고 어른이 앉는 의자가 얹

힌 피스톤은 크게 만들어져 있다. 그래서 가벼운 어린이가 앉은 의자와 무거운 어른이 앉은 의자가 균형을 잡게 된다.

유압기

크기가 다른 두 개의 실린더에 구멍을 뚫어 파이프로 연결한 후 각각의 실린더에 피스톤을 연결해주면 무거운 물체를 들어올릴 수 있는 유압기가 된다. 밀폐된 용기 속에 들어 있는 유체에 가해진 압력은 모든 방향으로 같은 크기로 전달되므로 유압기에서는 크기가 작은 피스톤에 힘을 주면 큰 피스톤에는 이보다 더 큰 힘이 전달된다.

예를 들어 큰 피스톤의 단면적을 작은 피스톤보다 열 배 크게 만들면

열 배 큰 힘으로 물체를 들어 올릴 수 있으므로 이러한 장치를 이용하면 무거운 자동차도 작은 힘으로 쉽게 들어 올릴 수 있다.

파스칼

파스칼은 그가 집필한 〈팡세〉라는 명상록에서 '사람은 생각하는 갈대'라는 말을 남겨 널리 알려진 프랑스의 물리학자이자 수학자, 철학자, 작가이다. 그는 갈릴레오와 토리첼리의 이론을 검증하던 중에 수은기압계를 만들어 산 꼭대기에서 기압을 측정하여 대기압에 관한 실험을 검증하고 확대시켰다. 또한 실험 과정에서 주사기를 발명했으며, 파스칼의 원리를 바탕으로 유압프레스를 고안하였다.

기압
·······

퍼 올려지지 않는 궁전의 우물물

이탈리아의 토스카나 대공은 궁전 뜰에 우물을 새로 팠다. 그러나 그곳에는 지하수가 쉽게 발견되지 않아 땅 속 깊숙이 무려 지하 12m까지 파내려 가서야 우물물이 나왔다. 그런데 그 다음에 새로운 문제가 생겼

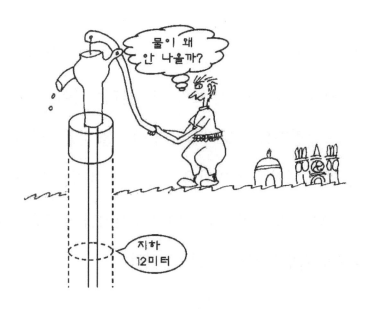

다. 아무리 펌프질을 해도 우물물이 전혀 뿜어져 나오지 않는 것이었다. 그 이전에도 깊이가 10m 이상인 깊은 우물에서는 펌프로 물을 끌어 올릴 수 없다는 것은 사람들 입을 통하여 알려져 있었으나 그 이유는 모르고 있었다. 그래서 토스카나 대공은 이 수수께끼 같은 의문을 풀어보도록 당시에 가장 유명한 과학자였던 갈릴레이에게 의뢰하였고, 갈릴레이는 그의 제자인 토리첼리에게 이 문제를 연구해 보도록 맡겼다.

우물에 관한 토리첼리의 실험

토리첼리는 깊은 곳의 우물물이 펌프질되지 않는 현상을 설명하기 위하여 실험에 착수하였다. 그는 실험을 용이하게 하기 위해서 물보다 훨씬 무거운 수은을 사용하였는데 수은은 물보다 13.6배 무거우므로 수은 기둥은 물 기둥의 1/13.6의 낮은 높이로 대체할 수 있기 때문이다. 그리하여 토리첼리는 10m 이상이나 되는 펌프의 긴 관에 물을 넣는 대신에 1m도 안 되는 짧은 유리관에 수은을 넣고 실험을 하였다.

그는 한쪽 끝이 막힌 유리관 속에 수은을 가득 채워 넣고 열려 있는 다른 쪽 끝을 손으로 막았다. 그리고 수은이 담겨 있는 그릇에 유리관을 거꾸로 세우고 손을 떼었다. 유리관 속의 수은은 중력에 의해 모두 관 아래로 내려가고 말텐데, 이상하게도 수은은 높이 76cm까지만 내려가고 멈

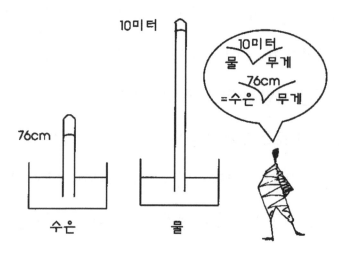

추어 섰다. 이것으로 수은 76cm의 무게는 물 10m (76cm × 13.6 = 10m)의 무게와 같으므로 물을 10m 이상 펌프질 할 수 없다는 것이 입증되었다. 그러나 토리첼리에게는 새로운 의문이 생겼다. 그것은 수은은 왜 76cm의 높이에서 멈추어 섰을까라는 것이었다.

우물에 관한 수수께끼의 해답

오랜 고심 끝에 이것은 수은주의 무게와 그릇 속에 담긴 수은 면에 걸리는 공기의 압력이 평형을 이루기 때문이라고 생각했다. 즉, 공기의 압력(기압)은 높이 76cm인 수은주가 누르는 압력과 같다고 결론을 내렸다. 공기는 무게를 가지고 있기 때문에 물체에 압력을 작용하며 이러한 공기의 압력으로 인해 펌프로 우물물을 퍼 올릴 수도 있음을 알아낸 것이다.

따라서 대기압과 같은 압력에 해당되는 물의 높이만큼 끌어올릴 수 있다고 설명했다.

그리고 그 공기의 압력으로는 수은을 76cm 까지만 펌프질 할 수 있음도 알았다. 따라서 물의 경우는 약 10m 높이까지 펌프질 할 수 있으며 토스카나 대공의 우물은 이 보다 깊은 12m이므로 펌프질을 할 수 없었다. 토리첼리의 실험 이후에 프랑스의 철학자이며 물리학자인 파스칼은 수은 대신 실제로 물을 사용하여 한 끝이 막힌 유리 기둥 속에서 물의 높이가 10m까지 이른다는 것을 실험하였으며, 이로써 우물물이 10m 이상 펌프질 되지 않음을 확증하였다.

토리첼리의 진공

토리첼리는 유리관 속에 들어 있는 수은의 높이가 항상 76cm로 일정하게 유지되고 유리관의 윗부분에는 텅 빈 공간이 생긴다는 사실을 발견하였다. 원래 유리관은 수은으로 채워져 있었고 그것을 거꾸로 세운 것이기 때문에 공기가 들어갈 틈은 없었다. 이로 인해서 토리첼리는 진공이라는 것이 존재하는 것을 알게 되

었다. 이것은 과학의 역사상 중요한 발견으로, 토리첼리는 자연계에 진공이 존재하지 않는다는 아리스토텔레스의 이론을 뒤엎고 진공을 만들어내게 되었으며, 그는 이 실험을 통하여 최초로 진공 상태를 확인한 것이다. 그로부터 수은주의 윗 부분에 생긴 진공을 토리첼리의 진공이라 부르게 되었다.

수은을 끌어올리는 힘은 진공일까 공기의 압력일까?

토리첼리는 유리관 속에 있는 수은을 끌어올리는 힘이 무엇일까 근본적인 문제를 생각하였다. 그는 우선 첫 번째 가능성으로 진공을 생각했다. 그는 유리관을 옆으로 기울여도 수은의 수직 높이가 항상 76cm의 높이를 일정하게 유지한다는 사실을 발견하였다. 수은의 수직 높이가 일정하므로 유리관을 옆으로 기울이면 더 많은 양의 수은이 유리관을 채우게 되고 진공의 부피는 훨씬 작아졌을 것이다. 만일 진공의 힘이 수은을 빨아올린다면 유리관 속의 진공의 부피가 변하는데도 수은의 높이는 왜 항상 76cm를 유지하는지에 대한 의문과 함께 진공과는 상관없이 수은의 높이를 항상 일정하게 유지시키는 뭔가 다른 힘이 작용한다는 생각을 하게 되었다.

여기서 토리첼리는 진공이 수은을 빨아올리는 것이 아니라 그릇의 수은 면에 내리 누르는 공기의 무게가 유리관 속의 수은을 밀어 올린다는 결론을 얻을 수 있었다. 즉, 수은 면을 내리누르는 공기의 무게와 유리관 속 수은의 연직 방향 무게가 같다는 사실로부터 공기에 의한 압력, 즉 대기압에 의해서 액체가 눌리고 있다는 결론을 이끌어 내었다.

기압의 발견

비행기가 이륙하거나 착륙할 때 귀가 멍멍해질 때가 있다. 고층 빌딩의 고속 엘리베이터를 타도 귀가 멍멍해진다. 또한, 기차를 타고 터널 속을 통과할 때도 귀가 아프거나 멍할 때가 있는데 이것은 모두 기압 때문이다.

공기가 있다는 것은 오래 전부터 알고 있었지만 공기의 압력인 기압을 처음으로 발견한 사람은 이탈리아의 물리학자 토리첼리로서 1643년

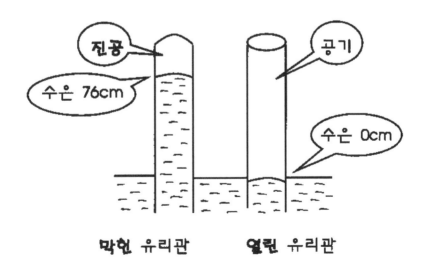

의 일이었다. 그는 한 쪽을 봉한 유리관에 수은을 넣고 거꾸로 세웠더니 76cm 높이까지만 수은 기둥이 유지되는 것을 관찰하여 공기의 무게로 인해 생기는 압력을 발견하였다. 그는 또한 높은 산 위에서는 기압이 낮아지므로 산 아래에서 보다 펌프질 할 수 있는 우물의 깊이가 얕아진다는 사실을 알았다.

압력의 단위 토르(Torr)는 그의 공적을 인정하여 토리첼리 (Torricelli)의 이름에서 따온 것이다.

유머

<엘리베이터 안에서 기체의 작용>

고통 : 둘만 있는 엘리베이터에서 다른 사람이 지독한 방귀를 터뜨렸을 때

울화 : 방귀 뀐 자가 마치 자기가 안 그런 척 딴전을 부릴 때

고독 : 방귀 뀐 자가 내리고 그 자의 냄새를 홀로 느껴야 할 때

억울 : 그 자의 냄새가 가시기도 전에 다른 사람이 올라타 얼굴을 찡그릴 때

울분 : 엄마 손 잡고 올라탄 어린이가 나를 가리키며 '엄마 저 사람이 방귀 뀌었나 봐'라고 할 때

허탈 : 그 엄마가 '누구나 다 방귀는 뀔 수 있는 거야'라며 아이에게 이해를 시킬 때

만감교차 : 말을 끝낸 엄마가 다 이해한다는 표정으로 나를 보며 씩 미소 지을 때

코끼리보다 무겁게 누르는 공기

우리는 대기압 하에서 살고 있는데 기압이 생기는 이유는 지구를 둘러 쌓고 있는 공기의 무게 때문이다. 공기는 눈에 보이지도 않고 그 무게가 느껴지지도 않을 정도로 가벼워서 우리는 바람이 불지 않으면 공기의 존재를 잊어버릴 정도이지만 공기도 많이 모이면 대단히 무거워진다. 우리가 거주하는 방 안에 들어있는 공기의 무게는 대략 성인 한 사람의 몸무게 정도이다.

공기는 지표면에서 위로 올라갈수록 점차 희박해지지만 지상 100km 정도의 높이까지는 공기가 쌓여 있다. 이러한 공기의 무게를 전부 합한 압력이 우리에게 기압으로 작용한다. 즉 기압이란 그 장소에 작용하는 공기의 무게를 뜻하며, 우리는 평균 1기압

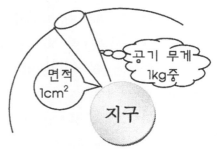

의 환경 속에서 생활하고 있다. 물리학적으로 정의하면 1기압이란 면적 1cm^2 당 1kg중의 힘이 가해지는 공기의 압력을 뜻한다. 다시 말해 지표면 상의 면적 1cm^2 위에 있는 공기를 하늘 높이까지 수직 기둥을 세우면 그 기둥 안에 들어있는 공기의 무게가 1kg중이라는 의미이다.

우리 몸도 공기에 의해서 1cm^2 당 약 1kg중의 압력을 받는데 몸의 표면적은 약 20,000cm^{2}이므로 20,000kg 중, 즉 20톤, 그러니까 어른 300명 정도가 누르는 무게를 받고 있다. 그러나 우리는 공기가 누르는 힘을 전혀 느끼지 못하고 있는데 그 이유는 우리의 몸 안쪽에서는 바깥쪽에서 작용하는 기압과 동일한 압력으로 팽창하도록 진화되어서 그러한 압력에 익숙해져 있기 때문이다. 이는 깊은 물 속에 사는 심해어가 큰 압력은 잘 견디지만 압력이 작은 얕은 물에서는 오히려 살 수 없는 것과 마찬가지이다.

마그데부르크의 반구 실험에 동원된 16마리의 말

지상에서 공기가 누르는 힘이 얼마나 강한지 실감할 수 있도록 측정해보려는 시도가 독일의 마그데부르크에서 1654년에 이루어졌다. 당시 마그데부르크 시장으로 재직하던 과학자 게리케는 자기가 발명한 진공펌프를 이용하여 기압의 엄청난 힘을 보여주는 실험을 하였다. 그는 금속으로 만든 지름 40cm인 반구 두 개를 합쳐 놓고 그 속의 공기를 진공펌프로 뽑아내었다.

반구에 공기가 들어있을 때는 금속구 내부와 외부의 압력이 같기 때문에 반구는 쉽게 떨어졌지만, 반구를 진공으로 만든 후에는 금속구 내부와 외부 사이에 대기압 크기의 압력 차가 생기므로 쉽게 열리지 않았다. 게리케는 두 반구를 떼어 놓는데 드는 힘의 크기는 대기압과 같으므로 반구를 떼어내는 힘의 크기로 대기압을 측정하고자 하였다.

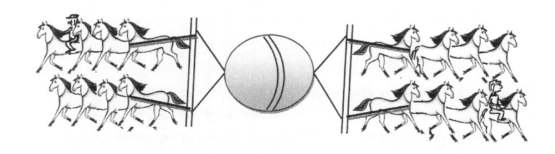

드디어 많은 시민들 앞에서 한 쪽에 8마리씩 모두 16마리의 말이 양쪽에서 끌어당겨 반구를 겨우 떼어 놓을 수 있었다. 마그데부르그 반구 실험을 통해서 대기압이 매우 큰 힘이라는 것을 대중들은 실감할 수 있게 되었다.

빨판

속이 움푹 파인 빨판을 이용하여 물건을 매끈한 유리나 타일에 걸어 놓으면 접착제를 사용하지 않아도 떨어지지 않고 붙어 있는 것도 마그데부르그의 원리 때문이다. 고무로 된 컵의 입구를 벽에 붙이고 컵 안의 공기를 빼내면 컵 바깥쪽 기압이 커서 컵을 벽면 쪽으로 밀게 되는데 이것이 빨판의 기본 원리이다. 따라서 빨판과 타일 사이에 아주 작은 틈이라도 생기면 이 사이로 공기가 빨려들어가 빨판은 금방 떨어진다.

산 위에서는 공기가 희박하므로 기압이 낮아 빨판은 지탱하는 힘이 약하게 된다. 또한 이런 이유로 공기가 없는 우주에서는 빨판은 전혀 쓸 수가 없게 된다.

하늘 높이 올라간 풍선의 최후

빨판과 반대의 경우로서 바깥 압력이 안쪽보다 작은 경우 물체는 팽창하게 된다. 하늘 높이 날아올라가는 풍선은 위로 올라갈수록 기압이 낮아지므로 부피가 커져서 결국은 터지거나 풍선 속의 공기가 조금씩 빠져나가 아래로 내려오게 된다.

높은 산에서는 호흡이 곤란하다

만일 우리가 높은 산에 오르면 공기가 희박해지므로 기압이 낮아진다. 따라서 고산지대에서는 행동을 완만히 하여야 되며 그렇지 않으면 몸에 무리가 간다. 이는 높이 올라갈수록 공기가 희박해짐을 의미한다.

파스칼은 기압에 관심을 갖고 평지와 산 정상에서 토리첼리의 실험을 반복 실시하였다. 그는 동생에게 수은기압계를 고도 1,463m인 산 꼭대기에 가지고 가도록 하고, 자기는 산기슭에서 기압을 관측하여 높은 산

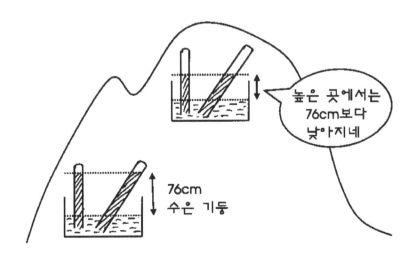

에서의 기압이 평지에서의 기압보다 더 낮다는 것을 확인하였다. 이와 같이 고도가 높을수록 기압이 떨어지는 것을 실험한 후 기압은 공기의 무게 때문이라는 것을 명백히 하였다. 따라서 이 방법을 이용하면 기압 관측으로부터 산의 고도를 알 수 있으며 항공기에 설치된 고도계도 기압 변화를 이용한 것이다.

기압과 일기예보

기압은 공기의 압력인데 공기에 무게가 있기 때문에 생기는 현상이다. 토리첼리는 유리관 속 수은의 수직 높이가 항상 76cm로 일정하지만 그 높이가 날마다 미묘하게 변화하는 현상도 발견했다. 이것은 수은기압계의 원리이다. 또한 높은 산에서는 수은주의 높이가 낮아지고 밥을 지어도 설익은 밥이 되는데, 이것은 기압이 낮기 때문에 일어나는 현상이다. 같은 장소에서도 기압은 늘 조금씩 변하는데 기압의 변화는 일기예보에 활용되고 있다.

한옥에 부는 시원한 바람

우리 나라의 전통적인 한옥에는 건물을 중심으로 앞마당과 뒷마당이 있다. 그런데 특이한 점은 앞마당은 나무가 없는 맨 땅이고 뒷마당에는 나무와 꽃밭, 야채 밭 등 식물을 많이 키우고 있다. 이러한 재래식 가옥의 대청마루에 앉아있으면 시원한 바람이 불어 더위를 물리칠 수 있는데, 이것은 한옥의 앞마당과 뒷마당이 서로 어우러져 바람을 만들어내기 때문이다. 그 원리는 여름에 해가 비칠 때 나무가 없는 앞마당은 쉽게 더워져서 공기가 위로 상승하여 압력이 작아지고 식물이 많은 뒷마당은 상대적으로 덜 더워져서 압력이 크므로 이러한 압력 차에 의해 뒷마당에서 앞마당으로 바람이 분다. 따라서 대청마루에 앉으면 여름에 시원한 바람을 즐길 수 있는 것이 한옥의 묘미 중 하나이다. 더운 여름날, 숲에서 시원한 바람이 부는 것도 마찬가지 이치이다.

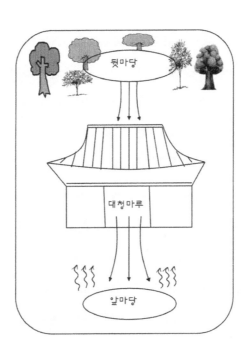

바람(風)

공기는 기압이 높은 곳에서 낮은 곳으로 이동하는데 공기가 이동하는 것을 바람이라고 한다. 옛날 중국 사람들은 눈에 보이지 않는 바람을 엎드린 사람(几)의 품 속으로 보이지 않게 스며드는 벌레(虫)에 비유해서 표현하였다. 이렇게 해서 만들어진 글자가 바람 풍(風)이다.

물 속의 공기와 잠수병

공기가 압력을 가지고 있듯이 물도 압력을 가지고 있다. 그래서 공기가 물 속에 들어가면 작은 공기 방울 형태로 존재하는데 깊은 물 속에서는 물의 압력이 크므로 공기 방울의 크기가 작고, 수면 가까이 올라갈수록 물의 압력이 작아져서 공기 방울이 커진다. 그러다가 수면 위로 올라가면 거품이 꺼지게 된다.

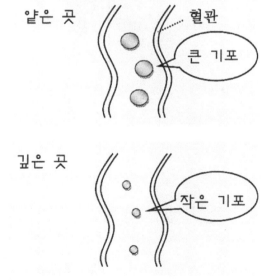

잠수부가 깊은 물 속에 들어가면 물 속에 있는 아주 작은 공기 방울들이 혈관 속으로 녹아 들어간다. 그러다가 수면 위로 급하게 올라가면 물의 압력이 작아지므

로 혈관 속에 있던 공기 방울들이 더 커진다. 그런데 깊은 물속에서 있던 잠수부가 급하게 위로 올라가면 혈관 속에 녹아 들어갔던 기포가 갑자기 커지게 되어 잠수병에 걸릴 위험이 크다.

베르누이 정리

바늘 구멍에 황소바람 들어간다

찬 바람이 몰아칠 때 창문의 좁은 틈새로 새어 드는 바람은 활짝 열어젖힌 문으로 들어오는 바람보다 훨씬 더 차갑게 느껴진다. 이것은 문틈이 좁으면 문의 안쪽과 바깥쪽 사이의 공기 속도 차에 따른 압력의 차이가 커져서 방 안으로 찬 공기가 빠르게 유입되기 때문이다. 그래서 '바늘 구멍에 황소바람 들어간다'는 말이 있다.

차를 타고 갈 때 자동차 창문을 조금 열어두면, 차 안의 연기가 잘 빠져나가는 것도 차 창 밖의 공기의 속력이 차 내부보다 더 빨라 압력이 작아진 결과이다.

마찬가지 이유로 바람이 벽면을 따라 창문과 나란한 방향으로 불 때 창문을 열면 방 안의 담배 연기가 창문을 통하여 밖으로 빠져나가는 것을 볼 수 있다. 이와 같이 넓은 곳을 통과하던 공기 분자들이 갑자기 좁은 곳을 지나게 되면 유속이 빨라져 압력이 줄어든다. 이러한 현상은 공기뿐만 아니라 모든 유체에서 적용되는데 19세기 초 프랑스의 과학자 베르누이가 최초로 발견하였다.

굴뚝이 높으면 불이 잘 탄다

굴뚝을 높이 세우면 아궁이 불이 잘 탄다. 이것은 굴뚝의 높이에 따라 기압 차가 나기 때문이라고 생각하기 쉽지만 실제로는 굴뚝이 높은 곳에서는 바람이 강하게 불기 때문이다. 바람이 세면 공기의 압력이 낮아지므로 굴뚝 윗부분에서는 이런 바람 때문에 압력이 낮다. 그러므로 굴뚝의 효과는 바람이 강한 날에 더 크게 나타난다.

베르누이 효과

유체의 속력에 관해 처음 주목한 이는 레오나르도 다빈치였다. 그는 물 위로 흘러가는 나뭇잎들의 움직임을 주의깊게 관찰하였더니, 넓은 곳에서는 천천히 떠내려가고 좁은 곳에서는 빨리 움직이는 것을 관찰할 수 있었다.

베르누이는 여기서 한 걸음 더 나아가서 흐르는 물의 압력을 측정해봤는데, 굵은 파이프에서 느리게 흐르는 물의 압력이 가는 파이프에서 빠르게 흐르는 물의 압력보다 항상 높다는 사실을 알아내었다. 즉 유체의 속력이 클수록 압력이 작아진다는 것을 알아낸 것이다. 이를 베르누이 효과라고 한다.

분무기

공기의 흐름이 빠른 지점에서는 압력이 낮으므로 물통에 가는 관을 연결하고, 관 위로 바람을 불면 관 윗부분의 압력이 낮아져서 병 속에 들어 있는 물이 빨려 올라간다. 정원에서 흔히 쓰는 분무기는 이 원리를 이용한 것이다.

분무기 입구로 빨려 올라간 물은 통로를 통과하던 공기와 섞여 노즐 밖으로 분무된다. 이러한 관들을 통틀어 벤트리 관(Venturi tube)이라 부르는데 자동차의 연료를 엔진 안에 공급해주는 기화기도 베르누이의 원리를 이용한 것이다.

비행선과 비행기가 뜨는 원리는 다르다

비행선이 공중에 뜨는 것은 비행선 무게보다 공기의 부력이 더 크기 때문이다. 그런데 공기의 비중은 대단히 작으므로 충분히 큰 부력을 얻기 위해서는 비행선의 크기가 아주 커야 한다. 이러한 이유로 비행선은 수송 능력에 비해 너무 클 뿐만 아니라 속도가 느리다는 한계를 안고 있다. 결국 이 문제를 해결한 것은 미국의 윌버 라이트(1867~1912)와 오빌 라이트(1871~1948) 형제였다.

그들은 독일의 발명가인 오토 릴리엔탈이 하늘을 나는 실험 기사를 읽고 비행에 관심을 갖게 된 후 1896년부터 연구를 시작하여, 1903년 12월 17일에 사람을 태운 최초의 동력 비행을 성공시켰다. 라이트 형제의 비행기는 시속 40km 정도의 느린 속도로 지상 수 m의 지점을 300m쯤 날았을 뿐이었지만 그들의 발명은 곧 유럽으로 건너가 주목을 끌었다. 특히 1909년에 프랑스의 루이 블레리오가 자신이 만든 비행기로 영국 해협 횡단을 성공시킨 것이 계기가 되어 관심이 폭발적으로 증가하게 되자, 이내 승객과 화물을 실어 나르는 상용 비행기가 생겨나고 본격적인 항공 시대가 시작되었다.

가벼운 공기가 무거운 비행기를 들어 올린다

비행기는 공기에 의한 부력이 무시할 수 있을 정도로 작기 때문에 비행기가 공중에 뜨는 힘은 부력 때문이 아니다. 비행기가 공중에 뜰 수 있는 힘은 활주로를 질주하면서 발생하는데 이는 비행기 날개의 특수한 형태 때문이다. 비행기의 날개를 옆에서 관찰해 보면, 위쪽은 볼록한 유선형으로 되어 있고 아래쪽은 평평하다. 이러한 형태의 날개를 가진 비행기가 활주로를 달리면 날개 위쪽이 아래쪽보다 공기의 흐름이 빨라지므로 날개 위쪽의 압력이 아래보다 작아진다. 이 압력 차에 의해서 비행기를 위로 미는 힘, 즉 양력이 생겨서 비행기는 공중에 뜨게 된다. 만일 비행기가 제자리에 정지해 있으면 양력이 생기지 않아 비행기는 추락하게 된다. 연을 날릴 때 비스듬한 각도로 연의 몸체를 유지해야 공중에 잘 뜨는 것도 비행기와 같은 이치이다. 공기가 없는 우주에서는 압력의 변화에 따른 양력이 생기지 않아 비행기가 공중에 뜰 수 없을 뿐 아니라 연을 날릴 수도 없다.

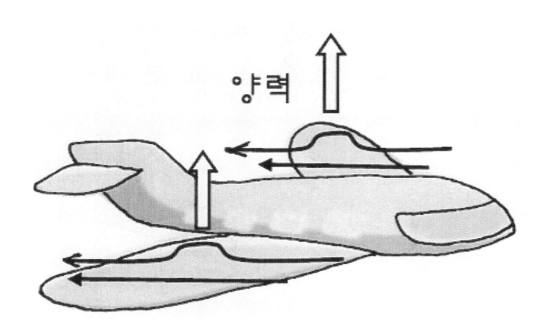

야구공의 커브와 축구의 바나나 킥

투수가 변화구를 구사할 때는 야구공을 회전시키면서 던진다. 이때는 야구공이 회전하면서 앞으로 진행하므로 야구공의 위쪽이 아래쪽보다 공기의 흐름이 빨라진다. 따라서 위쪽의 압력이 작아져 공은 위로 휘어지게 된다. 탁구의 경우 커트를 치면 공이 휘는 것도 마찬가지 원리이다.

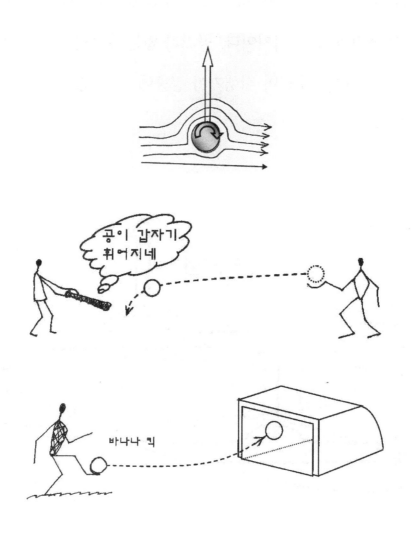

탁구 공을 위에서 아래 방향으로 회전시키면 공의 윗부분은 회전의 영향으로 인해 바람이 더 빨리 흐르게 된다. 반대로 아랫부분은 공이 바람의 방향과 반대로 돌기 때문에 바람의 흐름을 저지한다. 그래서 윗부분의 공기흐름이 빨라 공이 위로 뜨게 된다. 마찬가지 원리로 축구공을 찰 때도 공을 회전시키면서 차면 공이 휘어져 들어간다.

떨어지지 않는 탁구공

탁구공을 빨대 끝에 얹어놓고 빨대를 입으로 불면 탁구공이 흔들흔들하면서도 떨어지지 않고 공중에 떠 있다. 탁구공이 떨어지지 않는 이유는 탁구공 주변에 형성되는 불균일한 바람에 의해서 형성된 힘 때문이다. 즉 탁구공이 한 쪽 옆으로 움직이면 반대쪽에 바람이 더 많이 지나가게 되어 압력이 작아지는 반면 반대쪽 압력은 그대로이므로 바람이 지나는 쪽과 반대쪽은 힘의 평형이 무너지고, 탁구공은 바람이 있는 쪽으로 되돌아온다. 중앙에 온 탁구공은 더 이상 힘을 받지 못하므로 관성에 의해서 반대쪽으로 계속 움직이려고 하고, 반대쪽으로 밀려나가면서 처음과 같은 과정을 거치므로 결국 탁구공은 계속 흔들거리면서 한 자리를 유지하게 된다.

이와 유사한 방법으로 깔대기의 넓은 쪽에 탁구공을 놓고, 좁은 쪽에

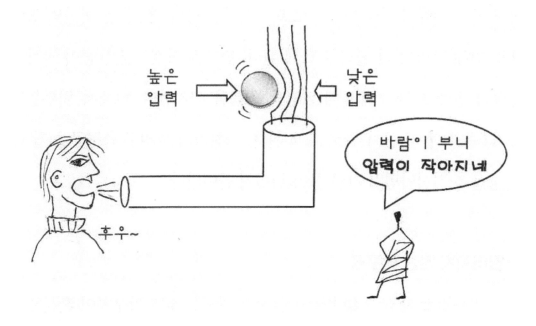

서 바람을 불어넣는 실험도 있다. 깔대기에 바람을 불면 탁구공이 날아

갈 것 같지만 신기하게도 세게 불면 불수록 탁구공은 깔대기에 더 단단

히 붙는다. 심지어는 깔대기가 아래 방향을 향하도록 거꾸로 놓고 불어

도 떨어지지 않는다. 이것은 탁구공과 깔대기의 틈 사이로 공기가 흐르

면서 압력이 작아지기 때문에 생기는 현상이다.

혈관의 막힘

혈관에 동맥경화성 물질이 쌓이거나 색전 등의 노폐물 등으로 인해

국부적으로 혈관의 단면적이 좁아지면 그 부분에서 피의 흐름이 빨라진

다. 이는 마치 개울의 폭이 작아지면 물살이 빨라지는 것과 같다. 이와 같이 혈액의 흐름이 빨라지면 압력이 작아져서 이 부분에서 혈관의 수축이 일어난다. 그러면 혈액의 흐름은 더 빨

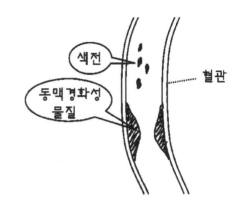

라지고 압력은 더 떨어져서 혈관은 더욱 축소되어 결국 일시적으로 혈관이 막혀 협심증이나 심근경색과 같은 치명적인 심장병에 걸릴 수 있다.

유체의 저항

고속으로 움직이는 물체의 저항을 줄이기 위해 필수적인 것이 유선형의 몸매이다. 물체의 형상을 유선형으로 바꾸어주면 공기 저항이 줄어들게 된다. 직사각형의 물체가 일정한 속도로 움직일 때의 저항을 1이라 하면, 직사각형의 앞쪽을 둥글게 유선형으로 만들어 주면 저항은 0.5 정도로 줄어들고, 직사각형의 뒤쪽을 유선형으로 만들어 주면 저항은 0.08 정도로 현저하게 작아진다. 하늘을 나는 새들이나 물 속을 자유로이 움직이는 물고기의 형상이 유선형인 것은 바로 이 형상저항을 줄이기 위해서다.

물체를 유선형으로 만들었을 경우, 그 다음에 감소시켜야 하는 저항

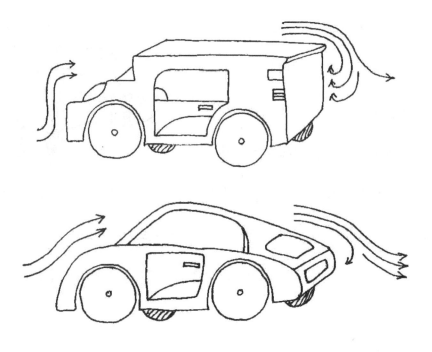

은 마찰저항이다. 난류 유동이 형성되어 있을 때, 마찰저항을 일으키는 가장 큰 주범은 소용돌이이다. 소용돌이는 유체가 회전하는 모양인데, 벽 가까이 소용돌이가 존재하면 마찰항력이 크게 증가한다.

비행기의 시간차 착륙

비행기가 착륙을 할 때는 비행기 날개에 의해 뒤쪽에 소용돌이가 생긴다. 이 소용돌이는 매우 강한데 비행기가 착륙한 이후에도 얼마동안 남아있게 된다. 뒤이어 착륙하는 비행기가 우연히 앞 비행기의 소용돌이 중심을 뚫고 지나가게 되면, 날개의 한 쪽에서는 위로 뜨는 힘을 받고 다

른 한 쪽에서는 아래로 가라앉는 힘을 받게 돼 비행기가 전복될 수 있다. 그래서 모든 비행장에서는 소용돌이에 의한 불의의 사고를 대비하기 위해 비행기들의 착륙에 시간차를 두고 있다.

철새가 V자로 날아가는 이유

유체의 저항이 비행에 불리하게 작용하지만은 않는다. 철새들은 오히려 소용돌이를 이용하여 장거리 비행을 무사히 할 수 있다. 철새들이 날아가는 모습을 보면 일렬로 날아가지 않고 V자로 대열을 만들어 날아가는 것을 종종 볼 수 있다. 철새가 V자를 그리는 이유는 효과적으로 양력을 받기 위해서다. 먼 거리를 날아가는 철새들에게는 에너지를 절약하기 위해 작은 날개짓으로 공중에 떠 있는 것이 무엇보다 중요하다.

맨 앞에서 날개짓하는 철새에 의해 공기 중에 소용돌이가 형성되는데 이 소용돌이는 철새의 날개 바깥쪽 부근에서 공기의 흐름을 위로 올라가게 한다. 그러면 뒤쪽의 철새는 이러한 공기의 흐름 덕분에 보다 작은 날개짓으로도 오랫동안 하늘에 떠 있을 수 있다. 같은 방식으로 그 다음에 있는 철새도 앞에 날아가는 철새의 바깥쪽에 위치한다. 그래서 전체적으로 V자를 그리게 된다.

실험 결과 V자형 편대 비행을 하는 새는 홀로 날아가는 새보다 에너지를 11~14%나 적게 소비하는 것으로 나타났다. 철새들은 긴 거리를 나는 동안 힘이 덜 드는 배열을 파악해 날고 있는 것이다. 기러기가 비행하는 경우 제일 앞에는 인솔자, 두 번째는 힘 센 암컷이나 수컷이 있는데 이들은 비행하다가 힘들면 다른 기러기와 교체를 한다. 그리고 중간에는 힘이 약한 새끼가 비행을 하는데 이들은 약 70%의 에너지를 절감할 수 있으므로 아주 멀리까지 쉬지 않고 비행할 수 있다.

제2장

파동역학

들리는 소리와 들리지 않는 소리

누군가 담장 뒤에 웅크리고 앉아서 이야기를 하고 있으면 눈에는 보이지 않지만 귀에는 소근거리는 소리가 들린다. 이렇게 장애물이 있을 때 눈으로는 볼 수 없지만 귀로는 소리를 들을 수 있는 것은 빛은 파장이 짧아 직진하는 반면에 소리는 파장이 빛보다 수천만 배나 길어서 장애물을 에워싸고 돌아가는 특성이 있기 때문이다.

파장과 주파수는 서로 반비례 관계인데 사람은 주파수 20~20,000Hz의 범위에 속하는 소리만 들을 수 있으며, 주파수가 이 범위를 벗어난 소리는 우리 귀에 들리지 않는다. 그 중에 주파수가 20,000Hz 보다 큰 초음파는 파장이 짧아 빛처럼 직진하는 특성이 있다. 그래서 박쥐는 초음파를 이용하여 깜깜한 동굴 속에서도 벽에 부딪치지 않고 날며 먹이를 잡을 수도 있다. 이와는 반대로 주파수가 20Hz 보다 작은 초저주파는 장애물의 영향을 받지 않고 아주 멀리까지 퍼져 나간다. 그래서 밀림 속에서 외치는 암컷 코끼리의 소리는 20리 떨어진 거리에서도 수컷 코끼리가 들을 수 있다.

소리
······

낮 말은 새가 듣고, 밤 말은 쥐가 듣는다

말 조심하라는 의미로 '낮 말은 새가 듣고, 밤 말은 쥐가 듣는다'는 속담이 있다. 실제로 낮에는 소리가 위로 올라가서 새가 듣기에 좋고, 밤에는 아래로 휘어지므로 쥐가 듣기에 좋은 형상이 된다. 소리는 공기를 통해서 전달되는데 온도가 높을수록 소리의 속도는 빨라진다. 따라서 낮에는 지표면에 가까운 쪽의 온도가 높아 소리의 속도가 커져서 상공으로 굴절하여 퍼지고, 밤이 되면 지표면이 대기보다 더 빨리 식으므로 소리는 지표면 근처로 낮게 굴절된다. 이와

같이 밤에는 소리가 아래쪽으로 굴절되므로 자동차 소리나 여러 가지 잡음이 더 크게 잘 들린다. 위의 속담이 이런 과학적인 생각에 바탕을 두고 생긴 말인지는 알 수 없지만, 여기에는 자연에 대한 이해와 함께 음파의 진행에 대한 과학적인 통찰이 숨겨져 있는 것을 알 수 있다.

장애물에 가려져도 소리는 들린다

숲 속에서는 사람의 모습이 잘 보이지는 않아도 소리는 잘 들린다. 그래서 산에서는 소리를 질러 사람을 찾는 경우가 많다. 이렇게 눈에는 아무 모습도 보이지 않지만 귀에는 소리가 들리는 것은 빛은 파장이 짧고 소리는 파장이 길기 때문이다. 파장이 짧은 파동은 직진하는 특성이 있는 반면에 파장이 긴 파동은 장애물을 에워싸고 돌아가는 특성이 있다. 따라서 빛은 파장이 짧아서 직진하므로 나무에 가려진 모습은 보이지 않지만 파장이 긴 소리는 숲과 나무를 휘돌아서 귀에 도달하므로 장애물에 가려져도 소리는 들린다.

새 소리에 담긴 의미

소리는 여러 가지 의미를 가지고 있다. 특히 새의 노래는 생식 주기와 관련이 있으며 번식기에는 구애의 신호가 담겨 있다. 새들의 번식에서 노래의 중요성은 새가 노래를 하는데 투자하는 시간으로 판단할 수 있다. 아직 짝짓기를 하지 않은 지빠귀는 자신의 짝을 찾을 때까지 하루에 무려 열 시간 동안이나 계속해서 노래를 부른다. 새 소리는 또한 적의 위치나 먹이를 알려주는 수단이기도 하다. 자기 영역의 침입자에 대해 새들의 공격적인 지저귐은 증가한다. 이와 같이 새들의 노래는 배우자를 발견할 뿐 아니라 위험을 파악하고 경쟁자를 경계하고 자기 영역을 방어하는 수단이면서 문화 전달의 수단이기도 하다. 개구리도 짝짓기하는데 소리가 중요한 역할을 하는데 암컷은 저음으로 우는 수컷 개구리를 더 선호한다고 한다.

무척추동물의 청각

소리는 기체, 액체, 또는 고체 등 모든 물질을 통해 전달될 수 있지만 동물들의 청각기능은 특정 매질을 통해 전달되는 자극에 특히 민감하다. 대부분의 동물이 압력의 변화를 감지하여 소리를 듣는 반면에 거미류와 몇몇 곤충류 및 어류는 진동속도의 감지를 기초로 하여 음파를 수용한다.

곤충의 청각기관은 보통 가슴이나 배에 있다. 그러나 모기의 청각반응을 위한 감각단위인 수음기(受音器)는 더듬이의 한쪽 끝에 붙어 있다. 음파는 더듬이의 몸체를 진동시켜 수음기의 말단부를 움직여 소리를 감지하며, 음파의 속도는 신경 충격의 세기를 결정한다. 속도로 음파를 결정하는 또 다른 형태의 꼬리음파수용기는 바퀴벌레와 귀뚜라미의 복부에서 볼 수 있으며, 내부에는 신경간(神經幹)에 연결된 수백 개의 섬모가 나 있다. 이 기관은 100~3,000Hz의 비교적 낮은 주파수에 민감하다.

네 필의 말이 끄는 수레도 사람의 말을 따라갈 수 없다

"말로써 말 많으니 말 말을까 하노라." 오죽 말에 시달렸으면 이런 속담까지 나왔을까마는 머리 속에 있는 우리의 생각을 표현하기 위해서는 말이 가장 쓰기 편하고 정확한 방법이니 말을 안 하고 살 수는 없다. 그러나, 일단 말을 뱉고 나면 말은 쏜살같이 퍼져 나간다. 말이 얼마나 빠른 속도로 퍼져나가는지는 사불급설(駟不及舌)이라는 사자성어에서도 알 수 있다. 즉, 네 필의 말이 끄는 수레도 사람의 말을 따라갈 수 없을 정도로 말이 빠르게 퍼진다는 것이다.

실제로 말 소리는 온도 0℃인 건조한 공기 중에서 1초에 약 330m를 진행한다. 이는 한 시간에 약 1,200km를 갈 수 있는 빠르기이다. 고속도로에서 자동차가 달리는 속도의 10배 이상이며 비행기보다도 빠르다. 비행기 중에 특히 빠른 제트기의 경우 소리의 속도와 같으면 마하 1이라고 하여 소리의 속도를 빠른 비행기의 속도 단위로 사용하기도 한다.

만일 공기의 온도가 올라가면 소리의 속도는 더 빨라진다. 왜냐하면 따뜻한 공기 중에서는 분자들이 더 빠르게 움직이므로 음파가 전달되는 시간이 짧아지기 때문이다. 실제로 소리의 속도는 온도가 1℃ 올라갈 때마다 0.6m/초씩 빨라진다. 따라서 20℃의 실온에서 음속은 약 340m/초가 된다.

소리는 공기에서보다 물 속에서 더 빨라

모터 보트가 달리는 소리는 물 밖에서 보다 물 속에서 훨씬 먼저 들린다. 이는 공기보다 물 속에서 소리가 더 빠르게 전달되기 때문이다. 유체 속을 진행하는 소리의 속도는 물질의 고유 특성인 체적탄성률과 밀도에 의해 결정되는데, 물 속에서 소리의 속도는 1,500m/초로써 공기에서보다 4배 이상 빠르다.

청음으로 적의 동태를 파악한다

기차 레일에 귀를 대고 있으면 멀리서 오는 기차 소리를 공기 중에서보다 더 크고 빠르게 들을 수 있다. 또한 군대에서는 청음이라 하여 귀를 땅에 대고 들리는 소리를 통해서 적군의 동태를 파악하기도 한다. 이와 유사하게, 인디언들은 귀를 땅에 대고 멀리서 달려오는 말발굽 소리를

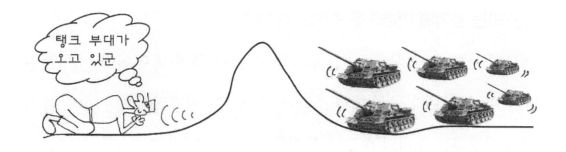

듣고 상황을 파악하였다고 한다. 이는 공기보다 철, 흙 등의 고체를 통해서 소리가 더 빠르게 전달되기 때문이다.

달에서는 소리를 들을 수 없다

소리는 기체, 액체, 고체 등의 물질을 통하여 전달되며 진공에서는 소리의 진동을 전달하는 물질, 즉 매질이 없으므로 아무런 소리도 들을 수 없다. 그래서 우주 공간이나 달에서는 소리를 들을 수 없다.

낮에는 위가 시끄럽고, 밤에는 아래가 시끄럽다

낮에는 지표면이 덥고 위로 올라 갈수록 온도가 낮아지므로 소리가 위로 휜다. 그리고 밤에는 지표면이 먼저 식으므로 아래 쪽이 차고 위로 올라 갈수록 온도가 높으므로 소리가 아래로 휜다. 그래서 낮에는 윗층이 시끄럽게 느껴지고 밤에는 아래층에서 소음이 더 많이 들린다.

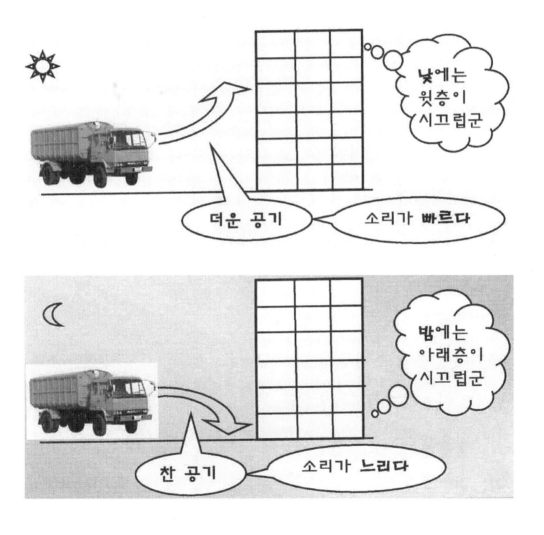

유머

<경마장 주인이 싫어하는 말>

말꼬리 잡기

말머리 돌리기

말허리 꺾기

말 잘라먹기

말 뒤집기

<결혼>

결혼 1년차 부부 : 남자가 말하고, 여자는 듣는다.

결혼 2년차 부부 : 여자가 말하고, 남자는 듣는다.

결혼 3년차 부부 : 남녀가 동시에 말하고, 그것을 이웃이 듣는다.

수수께끼

'소가 웃는 소리'를 세 글자로 하면?　　　　　… 우 牛 하하!

말은 말인데 타지 못하는 말은?　　　　　　… 거짓말

천냥 빚을 말로 갚은 사람은?　　　　　　… 말 장수

귀는 귀인데 못 듣는 귀는?　　　　　　… 뼈다귀

사람이 평생 가장 많이 내는 소리는? ······················· 숨소리

때리면 때릴수록 커지는 것은? ···························· 북소리

울다가 그친 여자를 다섯 글자로 줄이면? ·············· 아까운 여자

문 두드린 아이를 다섯 글자로 줄이면? ················ 똑똑한 아이

빈 집에서는 소리가 울린다

아무 것도 없는 텅빈 집에서 말을 하면 소리가 울린다. 이것은 가구가

없는 실내에서는 직접 귀로 전달되는 소리와 함께 벽에서 반사된 소리도

함께 들리므로 두 소리가 귀에 전달되는 시간 차이가 메아리가 되어 울

리기 때문이다. 그러나 가구를 채워 넣으면 소리가 가구들 사이로 진행하면서 반사되어 없어지기 때문에 소리가 울리지 않는다.

음악실에서는 벽에 흡음재를 사용하여 방음을 한다. 이때 소리의 일부는 방 안의 흡음판의 표면에서 반사되고, 나머지는 벽이나 천장에 있는 흡음판의 구멍으로 진입한다. 흡음판에는 구멍이 많이 있으며, 소리는 미로처럼 되어 있는 수많은 구멍의 여기저기에 부딪치고 반사되는 사이에 에너지 대부분이 열로 바뀌어 소멸되므로 방음이 된다.

눈이 많이 쌓인 날에는 주위가 조용하다

눈이 하얗게 덮인 조용한 밤에 생각나는 캐롤이 있다. "고요한 밤, 거룩한 밤, 어둠에 묻힌 밤". 눈 내린 밤은 보기에만 고요하게 보이는 것이 아니라 실제로도 조용하다. 눈은 소리를 흡수하기 때문이다. 눈은 육방형의 결정이 모여 여러 가지 크기의 입자가 되고, 그 입자가 모여 고체상태의 눈이 된다. 입자와 입자 사이에는 많은 틈이 생기고 이것이 흡음판의 구멍과 같은 작용을 한다. 즉, 눈이 흡음재가 되어 주변이 조용해지는 것이다. 눈은 우리가 보통 사용하는 주파수 600Hz 이상의 소리에 대해서는 특히 흡음률이 높아 우수한 흡음재인 유리솜과 거의 같은 수준이다.

가장 작은 소리

소리의 세기는 W/m^2의 단위를 사용하는데 일반인들은 데시벨(dB)이라는 단위로 나타낸다. 우리 귀로 겨우 들을 수 있는 가장 작은 소리는 $10^{-12}W/m^2$ 정도이다. 이를 가청한계라 하며 0데시벨이라고 한다.

가장 큰 소리

소리가 매우 커지면 우리는 고통을 느끼기 시작하는데 이를 고통한계라 한다. 고통한계는 120데시벨이며 이 소리의 크기는 우리가 겨우 들을 수 있는 소리의 10^{12}배, 즉 1조 배 이상이 된다.

(그림 원안: 뭉크의 '절규')

사람의 귀가 들을 수 있는 소리의 세기

우리가 들을 수 있는 소리의 세기는 0~120데시벨이다. 이는 겨우 들을 수 있는 작은 소리와 고막이 떨어져나갈 정도로 큰 소리와의 비는 1조 배나 되어 사람의 귀가 들을 수 있는 소리의 세기는 대단히 넓은 영역에 걸쳐 가능함을 알 수 있다.

소리의 세기가 가장 작은 것은 낙엽이 떨어질 때 나는 소리로써 0데시벨이며, 나뭇잎이 살랑거리는 소리는 10데시벨 정도이다. 연인이 귀엣말을 속살일 때는 40데시벨, 조용한 찻집에서 대화를 나눌 때는 55~60데시벨이다. 소리의 세기가 80~90데시벨 이상이면 불쾌하거나 귀에 무리가 올 수 있다. 전자오락실과 PC방은 85데시벨, 영화관, 공사장, 비행장, 지하철역 등은 90데시벨, 노래방, 공장, 체육관 등은 100데시벨, 나이트클럽이나 사격장의 소음은 110데시벨이나 된다.

소리의 크기가 120데시벨이 되면 청각에 심한 고통이 느끼지며 고막이 파열될 수 있다. 따라서 120데시벨을 사람이 들을 수 있는 소리의 한계치로 정한다. 그리고 소리의 한계보다 훨씬 큰 소리를 듣는 경우는 한 번에 청신경이 망가질 수 있다.

소리의 세기

0dB : 가청한계. 겨우 들을 수 있는 소리

10dB : 보통 숨소리, 가을날 나뭇잎이 살랑거리는 소리

20dB : 속삭이는 소리

40dB : 조용한 도서관

50dB : 사무실이나 수업중인 교실

60dB : 일상적 대화

70dB : 교통이 혼잡한 도로

80dB : 보통의 공장

90dB : 영화관, 공사장, 비행장, 지하철역 등

100dB : 노래방, 공장, 체육관, 선반 등이 돌아가는 기계공장 등

110dB : 일시적 청력 손실, 사격장의 소음, 록콘서트, 나이트클럽

120dB : 소리로 느끼는 고통의 한계

130dB : 50m 떨어진 제트엔진 소리

160dB : 귓전에서 쏜 총소리

200dB : 50m 떨어진 곳에서 로켓이 발사될 때 소리

코골이 기록

기네스북에 오른 코골이 기록은 스웨덴의 카레 월커트가 1993년에 세운 93데시벨이며 그 이전까지 챔피언이었던 영국의 멜 스위처는 92데시벨이다. 그의 코고는 소리는 18바퀴 트럭이 굴러갈 때 내는 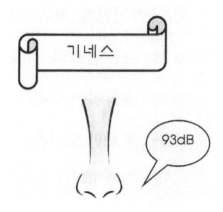 소리와 비슷했지만 그의 아내는 "자는데 지장 없다"고 대답했다. 그러나 부인은 병원 검사 결과 한쪽 귀가 먼 것으로 밝혀졌다. 스위처는 "1969년 이후 이웃에서 8가구가 견디다 못해 이사 갔는데 끝까지 침실을 지키고 있는 아내가 대견하다"고 말했다.

말에 관련된 속담

- 가는 말이 고와야 오는 말이 곱다.
- 자기가 먼저 남에게 잘 대해 주어야 남도 자기에게 잘 대해 준다는 말.
- 가루는 칠수록 고와지고 말은 할수록 거칠어진다.
- 말이 많음을 경계하는 말.
- 글 속에 글 있고 말 속에 말 있다.

- 말과 글은 그 속 뜻을 잘 음미해 보아야 한다는 말.

• 낮 말은 새가 듣고 밤 말은 쥐가 듣는다.

- 아무리 비밀로 한 말도 누군가가 듣는다는 뜻으로, 항상 말 조심을 하라는 말.

• 내가 할 말을 사돈이 한다.

- 내가 원망해야 할 일인데 남이 도리어 나를 원망한다는 말.

• 담벼락하고 말하는 셈이다.

- 미욱하고 고집스러워 도무지 알아듣지 못하는 사람과는 더불어 말해 봐야 소용

없다는 말.

• 말로 온 동네를 다 겪는다.

- 실천은 하지 않고 모든 것을 말만으로 해결하려 한다는 말.

• 말 많은 집은 장 맛도 쓰다.

- 가정에 말이 많으면 살림이 잘 안 된다는 말.

• 말이 씨가 된다.

- 말한 대로 일이 될 수가 있다는 말.

• 말 한 마디에 천 냥 빚도 갚는다.

- 말만 잘 하면 어떤 어려움도 해결할 수 있다는 말.

• 발 없는 말이 천 리 간다.

- 말을 삼가야 함을 경계하는 뜻의 말.

- 범도 제 말 하면 온다.

- 남의 말을 하자 마침 그 사람이 온다.

- 당사자가 없다고 함부로 흉을 보지 말라는 말.

- 사돈 남 말 한다.

- 제 일은 젖혀 놓고 남의 일에만 참견함을 이르는 말.

- 소더러 한 말은 안 나도 처(妻)더러 한 말은 난다.

- 아무리 가까운 사이라도 말을 조심하라는 뜻.

- 익은 밥 먹고 선소리한다.

- 사리에 맞지 않는 말을 싱겁게 하는 사람을 핀잔하여 이르는 말.

- 입은 비뚤어져도 말은 바로 해라.

- 언제든지 말을 정직하게 해야 한다는 말.

- 입찬소리는 무덤 앞에 가서 하라.

- 입찬말은 죽어서나 하라는 뜻으로, 함부로 장담하지 말라는 말.

- 혀 아래 도끼 들었다.

- 자기가 한 말 때문에 죽을 수도 있으니, 말을 항상 조심하라는 뜻.

- 고자질쟁이가 먼저 죽는다.

- 남에게 해를 입히려고 고자질을 하는 사람이 남보다 먼저 해를 입게 된다는 말.

- 개는 잘 짖는다고 좋은 개가 아니다.

- 말만 잘한다고 훌륭한 사람이 아니라 행동을 잘해야 훌륭한 사람이라는 말.

• 닭이 우니 새해의 복이 오고 개가 짖으니 지난 해의 재앙이 사라진다.

- 묵은 해를 보내고 새해를 맞이하면서 지난해의 불행은 다 사라지고 새해에는 행복만 가득하라는 뜻.

• 듣기 싫은 말은 약이고 듣기 좋은 말은 병이다.

- 남의 말은 듣기 싫은 것이 이로운 말이고 듣기 좋은 말이 불리하다는 뜻.

• 말이 적으면 뉘우치는 일이 없게 된다.

- 말이 적으면 실언하는 일이 없기 때문에 뉘우치는 일이 없게 된다는 뜻.

• 입은 마음의 문이다.

- 입은 마음 속에 있는 말이 나오는 문의 구실을 한다는 뜻.

• 입과 혀는 재앙과 근심이 들어오는 문이다.

- 말 조심을 하지 않으면 재앙과 근심을 면치 못한다는 뜻.

• 말과 말이 만나면 발이 서로 찬다.

- 사나이와 사나이가 만나면 서로 싸우기가 쉽다는 말.

• 말이 울면 다른 말도 따라 운다.

- 호소하는 사람이 있으면 호응하는 사람도 있다는 말.

• 말 소리가 대들보의 먼지를 날린다.

- 대들보의 먼지를 날릴 정도로 말소리가 몹시 크다는 뜻.

- 현악기는 관악기만 못하고 관악기는 성악만 못하다.

- 음악은 기악보다 자연스러운 성악이 낫다는 말.

- 음식은 갈수록 줄고 말은 갈수록 보태진다.

- 말은 옮겨질 적마다 보태지기 때문에 말을 조심하라는 뜻.

- 남의 말하기야 식은 죽 먹기다.

- 남의 잘잘못을 말하거나 남의 흠을 찾아내기는 매우 쉽다는 말.

- 좋은 말이 톱밥 쏟아지듯 한다.

- 교양이 많은 사람의 입에서는 좋은 말만 많이 나오게 된다는 말.

- 하고 싶은 말은 내일 하랬다.

- 하고 싶은 말도 충분히 생각하고 나서 해야 실수가 없다는 뜻.

- 못 먹는 씨아가 소리만 난다.

- 되지 못한 자가 큰소리만 친다.

- 이루지도 못할 일을 시작하면서 소문만 굉장히 퍼뜨린다는 말.

이구동성(異口同聲)

여러 사람이 동시에 소리를 지르는 것을 이구동성이라고 한다. 입은 서로 다르지만 같은 소리를 낸다는 의미이다. 그러면 한 사람이 소리를 지르는 것보다 여러 사람이 소리를 지르면 몇 배나 큰 소리가 될까? 얼핏 생각하기에는 두 사람이 소리를 지르면 소리가

두 배로 커지므로 귀에 들리는 소리도 두 배로 클 것 같으나 사실은 그렇지 않다. 청각을 포함해서 사람의 감각은 주어진 자극의 세기에 정비례하는 것이 아니라 로그 함수에 비례한다. 따라서 소리의 크기를 청각으로 표시하자면 로그의 척도를 적용해야 한다.

소리의 경우 그 세기의 로그 값을 벨(bel)이라 하며, 귀의 가청범위는 0~12벨이 된다. 즉 1벨이 커지면 10배의 세기가 된다. 보통 소리의 세기를 나타내는 단위는 벨을 1/10배 하여 데시벨(dB)로 표시한다. 그래서 흔히들 가청범위를 0~120데시벨이라고 한다. 이는 소리의 압력을 수치화한 것인데 소리의 세기가 3데시벨 높아질 때마다 사람의 귀에는 소리가 2배 크게 들린다. 따라서 기준치보다 6데시벨이 높으면 소리는 4배, 9데

시벨이 높으면 8배 크게 들린다. 따라서 한 사람일 때보다 열 사람일 때
는 소리의 세기는 열 배가 되지만 우리 귀의 느낌은 열 배가 아니라 조금
더 강한 정도로 인식된다. 이를 소리의 세기로 나타내면 3데시벨 더 큰
소리가 된다.

초음파

뱃속의 아이도 볼 수 있다

로마의 폭군 네로 황제는 사람의 몸 속에서 어떤 일이 일어나는 가를 알고 싶어서 임산부의 배를 갈라서 태내의 아이를 보았다는 말도 전해져 내려온다. 그러나 요즘은 초음파를 이용하여 신체를 전혀

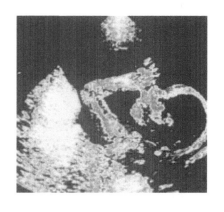

손상시키지 않고 몸 속을 눈으로 보듯이 알 수 있다. 초음파검사기를 통해서 태아가 자기 손가락을 빨고 있는 모습도 볼 수 있고 심지어는 뱃속에 든 아이가 아들인지 딸인지도 구분할 수 있을 정도이다. 최근에는 초음파를 이용한 각종 첨단 건강검진기가 개발되어 임산부의 경우, 자궁 내의 태아 상태를 진단하는데 유용하게 활용하고 있을 뿐 아니라 음파 칫솔, 렌즈 세척기 등 생활용품으로 그 적용범위가 다양해지고 있다.

금반지를 삼킨 거위

거위가 금반지를 삼켰는데 한 청년이 반지의 도둑으로 오해를 받아 감옥에 갇혔다. 그는 너무나 분하여 자신의 배를 갈라서 결백함을 주장하려 하였다. 마침 지혜로운 그의 친구가 그를 만류하며 한참을 기다린 끝에 거위가 똥을 싸자 그 배설물에서 없어진 금반지를 발견하여 위기를 모면하였다는 옛날 이야기가 있다. 옛날에는 뱃 속을 볼 수 없으므로 거위가 배설해서 몸 밖으로 빠져나올 때까지 기다려야 가능했던 일도 요즘은 초음파 사진을 찍어보면 거위의 뱃속에서 없어진 물건을 금방 찾을 수 있게 되었다.

초음파는 직진한다

사람은 주파수 20~20,000Hz의 범위에 속하는 소리만 들을 수 있으며 이를 가청주파수라고 한다. 그리고 20,000Hz 이상의 주파수를 가진 음파를 초음파라고 하는데, 소리는 주파수가 높을수록 빛처럼 직진하는 특성이 있어서 파장이 아주 짧은 초음파를 이용하면 눈으로 보는 것처럼 물체의 위치를 정확하게 파악할 수 있다. 그러나 초음파는 매질을 전파하면서 에너지 소비가 심하므로 멀리까지 전달되지는 못하고 가까운 곳에 있는 물체만 감지할 수 있다.

박쥐, 돌고래 등은 초음파로 의사소통

동물 중에는 초음파를 들을 수 있는 것도 있다. 박쥐는 시력이 형편 없어서 거의 볼 수 없지만 초음파를 이용해 뇌에서 시각 영상을 만들어냄으로써 어두운 동굴 속에서도 벽에 부딪치지 않고 날아다닐 수 있다. 박쥐는 3만~8만Hz의 초음파를 내고 그 반사음을 귀로 들어서 장애물이나 먹이의 존재를 알 수 있으며 서로 의사소통도 하는데 박쥐가 내는 초음파는 20m 이상 전달되기 어렵다.

쥐도 초음파를 발생시킨다. 우리는 쥐가 찍찍거리는 소리를 듣지만 이것은 쥐가 내는 소리의 일부에 불과하다. 그러나 쥐는 박쥐와 달리 초음파로 영상을 만들 수는 없으며 상호간의 의사소통 수단으로만 사용하는 것으로 알려져 있다. 돌고래 역시 초음파를 이용해 의사소통을 하며 먹이를 찾는다.

잠수함을 탐지하려고 초음파를 연구

초음파는 오래 전부터 알려졌지만 실용적인 초음파 장치가 등장한 것은 1921년경 프랑스의 랑지방에 의해 잠수함을 탐지하려고 시작한 초음파 측심기이다. 그 후로도 초음파는 지뢰탐지기, 수중음파탐지기, 어군탐지기 등 고성능 군사장비를 목적으로 개발되었기 때문에 각국이 모두 비밀리에 추진하였다. 그런 와중에 초음파 간섭계의 발명을 계기로 초음파에 의한 빛의 회절현상이 발견되어 초음파는 물성연구를 위한 수단으로 사용되기에 이르렀으며, 군사 장비와 아울러 다양한 산업 기술에 적용되고 있다.

초음파의 통신적 응용과 동력적 응용

요즈음에는 일상생활에서도 '초음파'가 친숙한 용어로 사용되고 있으며 여러 분야에 활용되고 있다. 초음파 활용 기술은 초음파가 전파하는 신호를 이용하는 통신적 응용기술과, 초음파가 전달하는 에너지를 이용하는 동력적 응용기술로 나눌 수 있다. 통신적 응용은 초음파를 신호로 응용하는 것인데 음파의 전파속도, 진폭의 감쇠 등은 매질의 물성치에 따라 일정하게 결정되는 양이므로 초음파를 계측용 신호로 이용할 수 있다. 그러한 사례에는 비파괴 검사, 수중 탐사, 지질 탐사, 어군 탐지, 의료 진단, 금속 탐지, 초음파 진단, 유량계, 초음파 센서 등이 있다.

또한 동력적 응용은 초음파를 에너지원으로 이용하는 것으로써 초음파 가공, 초음파 용접을 비롯하여, 초음파 주조, 초음파 용착, 초음파 세정 등이 이에 속한다.

수심 측정

과거에는 물 속 깊이를 알아내기 위해서 무거운 추를 물 속에 담가 보곤 했으나, 깊은 바다 속에 추를 담그면 바닷물의 흐름에 따라 추가 좌우로 움직이기 일쑤고, 또 측정에 많은 시간과 인력이 들어간다. 현대적인 수심의 측정은 초음파를 이용한다. 소나(Sonar)라고 부르는 수심측정

기는 바다의 바닥을 향해 소리를 내보낸 후 그 소리가 반사되어 오는 시간을 측정하여 바닥까지의 거리를 측정한다. 수심 측정에 주파수가 낮은 소리를 사용하지 않는 이유는 물의 밀도와 움직임에 따라 굴절이 심하기 때문이다.

초음파 의료 진단

의학에서는 초음파를 임산부의 복부에 발사하여 태아로부터 반사되어 온 음파를 분석하여 실시간으로 태아를 관찰하며 진단, 검사한다. 또한 간경화, 간 지방 등의 의료 진단에도 초음파를 사용한다.

세제가 필요 없는 초음파 세척

초음파를 이용하면 세제를 사용하지 않고 물체의 표면에 부착돼 있는 오염이나 티끌을 세척할 수 있다. 물 속에서 초음파를 발생시키면 음파의 진동에 의해 유체의 분자간에 응집력이 파괴되고 미세한 기포들이 발생하는 캐비테이션 현상이 일어난다. 이 기포들은 초당 25,000~30,000회 정도 발생과 소멸을 반복하게 되는데 매초 수만 개 이상의 기포들이 순간적으로 1,000기압 이상의 압력과 열을 발산한다.

초음파 세척은 이러한 캐비테이션 효과를 이용하여 물체의 표면뿐 아니라 보이지 않는 곳까지 전혀 손상을 입히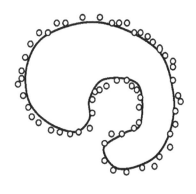
지 않으면서 단시간 내에 세척한다. 또한 음
파가 1초에 수만 번씩 물을 진동시키기 때
문에 마치 빨래 방망이로 두드려서 세탁하
는 효과를 나타내기도 한다. 이러한 초음파

의 세척효과를 이용한 제품이 바로 안경점이나 귀금속 상점에서 간편하
고 효과적으로 사용되고 있는 초음파 세정기이다. 또한 음파 칫솔도 마찬
가지 원리로 치아에 붙은 치석을 제거함과 동시에 이를 깨끗이 닦아준다.

텔레비전 리모콘

    텔레비전을 켜고 끈다든지 채널을 바꾸어 주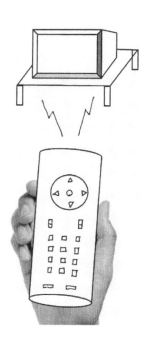
는 리모콘도 초음파를 이용하고 있다. 그런데
초음파는 투과력이 약해 리모콘의 앞 부분을 손
으로 가리면 텔레비전이 작동되지 않는다.

    자동 카메라에서 초점을 자동으로 맞추는 자
동 초점장치도 텔레비전 리모콘과 마찬가지로
초음파에 의해 작동된다.

해충을 퇴치하는 초음파

모기는 초음파를 발생시키고 들을 수도 있다. 특히, 사람의 피를 빨아 먹는 암컷 모기는 여름철 알을 낳을 때가 되면 수컷 모기를 피하므로 수 컷 모기가 내는 초음파를 발생시키면 암컷 모기가 근처에 접근하지 않는 다. 따라서 초음파는 모기향이나 모기약과 같은 화학물질을 전혀 사용하 지 않고 방 안에 있는 모기를 몰아낼 뿐 아니라 초음파를 건물의 벽에 작 용시킴으로써 벽 내부에 살고 있는 해충에도 스트레스를 주어 퇴치하는 효과가 있다.

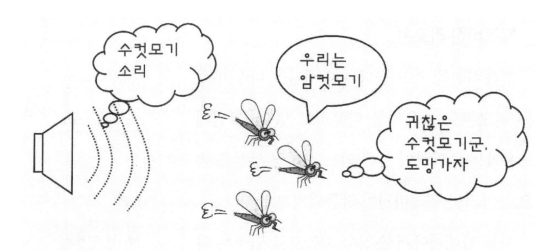

초저주파

호랑이 "어-흥" 소리에 오금이 저린다

호랑이는 사람들을 공포에 떨게 할 뿐 아니라 천진난만한 어린아이의 울음도 그치게 한다. 최근의 연구에 따르면 호랑이는 울음 소리만으로도 상대를 마비시킬 수 있다는 사실이 확인되었다. 옛날에 호랑이의 으르렁 거리는 포효에 힘 센 장정이 도망도 못 가고 벌벌 떨고만 있었다는 이야 기를 과거에는 단지 호랑이가 무서우니까 그랬을 거라고 생 각했지만, 이것은 호랑이의 소 리 중에 들어있는 초저주파 성분 때문이라는 사실이 밝혀 진 것이다.

들을 수 없어도 느껴지는 무서운 소리

미국의 동물 커뮤니케이션 연구소에서는 호랑이의 으르렁거리는 소리, 식식거리는 소리 등 호랑이가 내는 모든 소리를 녹음하여 분석한 결과, 호랑이 소리 중에는 사람이 들을 수 있는 소리뿐 아니라 사람에게는 들리지 않는 18Hz 이하의 초저주파도 있음을 알게 됐다. 사람뿐 아니라 다른 동물들도 호랑이의 으르렁거리는 소리만 들어도 겁을 먹는 것은 귀로는 들리지 않지만 호랑이 울음 소리에 포함된 초저주파를 느끼기 때문이다.

영국에서는 17Hz의 초저주파 음을 사람들에게 들려주고 설문조사를 한 결과, 아무런 소리가 들리지는 않았지만 대부분의 사람들이 구토나 어지럼증을 포함하여 안절부절못하는 등 '이상한 분위기'를 느꼈다고 한다. 이와 같이 초저주파 대역의 소리는 상대를 불안감에 떨게 만드는 작용을 한다. 이러한 초저주파는 사람의 귀에는 들리지 않아 낯설게 여겨지지만 자연계에선 동물들끼리 서로의 위치 정보를 주고 받는 등 다양한 용도로 쓰이고 있다.

들리지 않아도 퍼져 나가는 소리

"언어가 없고 말하는 소리도 없고 들리는 소리도 없으나 그 소리들은 온 땅에 두루 퍼지고 땅 끝까지 퍼져 나간다"(시편 19 : 3~4). 성경 구절 중에는 들리지 않는 소리를 언급하고 있으며, 그 소리가 오히려 더 멀리까지 퍼져 나간다고 말하고 있는데 이는 초저주파의 성질과 일치되는 음파를 나타내고 있다.

수수께끼

호랑이는 'Tiger'이다. 그러면 이 빠진 호랑이는? ⋯ Tigr

이십리 밖에서 수컷을 유혹하는 암 코끼리

사람들은 가까운 거리에서 대화를 한다. 우리는 아무리 크게 소리쳐도 100m 이상 떨어진 곳에서는 거의 들을 수 없다. 그러나 발정한 암컷 코끼리가 내는 소리는 20리 이상이나 떨어져 있는 곳에서 수컷 코끼리

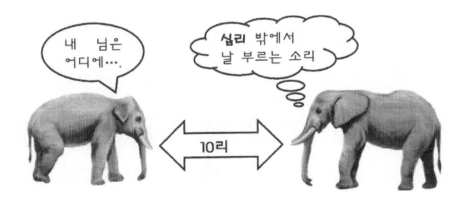

가 들을 수 있으며, 두 코끼리는 이 소리를 통해서 서로 만난다. 코끼리가 이렇게 멀리까지 소리를 보낼 수 있는 것은 초저주파 때문이다. 암컷 코끼리가 발정기에 이르러 내는 소리는 진동수가 5~50Hz인데 진동수가 낮은 소리는 파장이 길어 장애물에 의해 쉽게 산란되지 않아 나무가 울창한 산림 속에서도 멀리까지 전달된다. 이것이 암컷 코끼리가 멀리 있는 수컷과 밀림에서 만나 짝짓기를 할 수 있는 이유다.

초저주파를 이용하는 동물들

코끼리 이외에도 멀리 떨어진 동료와의 의사소통에 초저주파를 이용하는 동물에는 기린, 호랑이, 코뿔소, 고래 등이 있다. 이들은 주파수가

아주 낮은 소리를 냄으로써 먼 거리까지 의사 소통이 가능하다. 공룡이 초저주파를 냈다는 주장도 있다. 약 7,500만 년 전에 살았던 파라사우롤 로포스 공룡의 화석을 컴퓨터 단층촬영으로 분석해 입체 모형을 만들어 공기를 불어 넣었더니 트롬본처럼 매우 주파수가 낮은 묵직한 소리가 난 것이다.

깊은 산 속에서 들리는 소 울음 소리

소리는 주파수가 클수록 가까운 곳에 있는 장애물을 정확히 알 수 있지만, 멀리 퍼져 나가지 못하는 성질이 있다. 이와는 반대로 주파수가 적은 초저주파 소리는 멀리까지 퍼져 나간다. 한 번은 깊은 산 속에서 뜻하지 않게 "음메~" 하는 소 울음 소리가 들렸다. 이 깊은 산 중에 웬 소가 있을까 궁금해 하며 소리의 진원지를 따라 한참을 가다 보니 "음메~" 하던 부드러운 소리는 "우 - 웅" 하는 높은 소리로 바뀌었다. 좀 더 가니 소리는 점차 더 높은 음으로 바뀌어 "애 - 앵" 하고 들린다. 드디어 소리가 나는 지점에 도달해 보니 조그만 암자에서 전기 톱으로 통나무를 자르는 소리였다.

우리가 듣는 소리에는 여러 가지 진동수의 소리가 섞여 있는데 그 중에서 가장 낮은 소리가 제일 멀리까지 전파되므로 처음에는 주파수가 낮

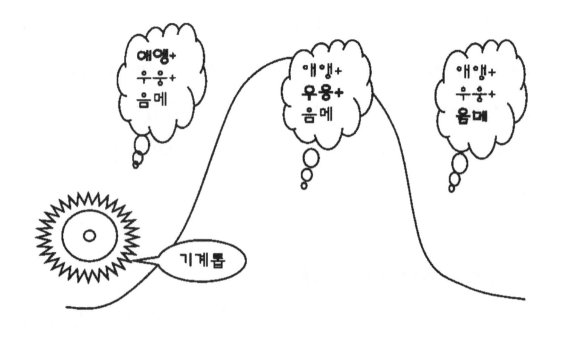

은 저음만 들리다가 소리의 진원지에 가까이 갈수록 주파수가 높은 고음이 들린 것이다. 이와 같이 소리는 주파수가 낮을수록 파장이 길어 장애물에 의해 쉽게 산란되지 않고 더 멀리까지 전파된다.

무림의 전음술(傳音術)

무협지 중에는 전음(傳音)이라고 하여 무림의 고수들이 멀리까지 소리를 전달하는 방법이 나온다. 아주 저음으로 말을 하면 수십리 멀리 떨어진 곳에 있는 같은 편 무림의 고수에게 목소리가 전달되는 방법이다. 저음은 파장이 길므로 멀리까지 전달되는 원리를 이용한 것이다. 그 가운

데 대표적인 것은 의어전성(蟻語傳聲)이다. 의어란 개미의 소리란 뜻으로, 이는 파장이 긴 음파를 발성하여 다른 사람의 귀에 들리도록 하는 것이다. 그러나 의어전성은 발성할 수 있는 거리에도 한계가 있을 뿐만 아니라 특정한 상대를 지정하여 대화를 할 수는 없고 그 부근에 있는 모든 사람이 들을 수 있다.

의어전성보다 한 단계 높은 전음술을 전음입밀(傳音入密)이라 하는데 의어전성과는 달리 자기의 목소리가 어느 특정한 사람에게만 들리게 하는 수법이다. 전음입밀에서 조금 발전하여 자기의 목소리를 메아리와 같이 사방에서 울리게 하여 가청거리를 늘린 수법을 천리전음(千里傳音), 또는 천리전성(千里傳聲)이라고 한다. 천리전음보다 한 단계 위의 전음술로 소리가 사방에 울리도록 함으로써 발성자의 소재를 숨기는 수법을 육합전성(六合傳聲)이라 한다. 전음술 중 불문의 최고 수법을 혜광심어(慧光心語)라고 하는데 이는 아무런 외적인 움직임이 없이 뜻이 움직이는 대로 의사를 전달할 수 있으며, 그 거리에도 제한이 없다. 오늘날로 말하자면 텔레파시와 같은 것이다.

전음입밀, 천리전음, 육합전성, 혜광심어 등은 전음술의 보다 높은 경지들을 차례대로 이르는 말이다. 물론 개미가 저주파의 소리를 내는지, 무협지에 등장하는 여러 가지의 전음이 실제로 있었던 일인지 아니면 단순한 상상인지는 알 수 없으나, 주파수가 적은 저음이 우리가 들을 수 있는 일반적인 소리보다 멀리까지 전파된다는 원리는 맞는 것이다.

핵 실험을 감지하는 초저주파

자연 지진과 핵 실험을 구분할 수 있는 가장 확실한 징표가 초저주파 음이다. 지진계에는 땅이 울릴 정도의 진동을 만들어내는 현상이 있으면 모두 기록되기 때문에 지진파만 봐서는 자연 지진인지 인공 폭발인지 구분하기 어려운 경우가 많다. 그러나 인공 폭발은 땅이 울리는 동시에 대기 중으로 초저주파 음이 나오는데, 자연 지진에서는 초저주파 음이 거의 나오지 않기 때문에 초저주파 음 관측기에 잡히는 것은 인공 폭발이라고 봐도 된다.

핵폭탄이 터지거나 핵 실험을 진행할 때도 초저주파가 발생하는데, 이런 특성을 이용해 핵무기 확산을 막기 위한 초저주파 관측소가 전 세계 곳곳에서 운영되고 있다. 즉, 어느 곳에서 핵 실험이나 핵폭발이 일어나면 초저주파 관측소에서 0.002~40Hz의 초저주파를 잡아내 그 진원지를 정확히 파악할 수 있다. 이 소리만 잘 감지하고 있으면 북한의 어느 곳에서 핵 실험을 했는지 명확히 알 수 있다. 사람이 들을 수 있는 폭발음은 아무리 커 봐야 몇 km밖에 못 가고 사라져 버리지만, 초저주파 음

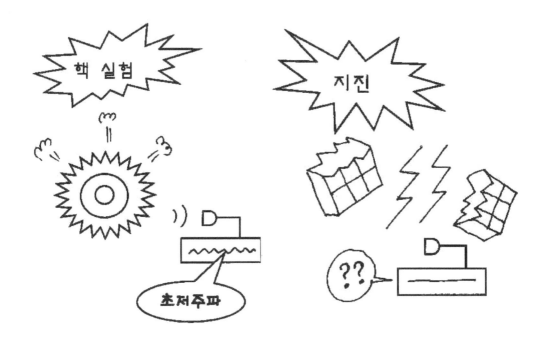

은 전달 도중에 잘 없어지지 않고 아주 멀리 퍼져나가는 성질이 있기 때문이다. 백령도 부근 해상에서 침몰한 천안함의 탐색에도 초저주파가 이용되었다. 천안함에서 발생한 충격음의 초저주파 성분이 수 십km 떨어진 인천 연안에 설치된 초저주파 관측소에서 감지되었으며, 이로 인해 침몰 위치를 정확히 파악할 수 있었다.

자연 재해를 예보하는 초저주파

화산, 토네이도, 태풍뿐 아니라 유성과 지구의 충돌과 같은 대규모 자연 재해에서는 초저주파가 발생된다. 따라서 초저주파 음을 분석하면 유성이 충돌한 지점을 쉽게 발견할 수 있다. 또한 화산 활동도 미리 알 수 있어 화산이 곧 폭발할지 아닐지 등의 예보에도 활용될 수 있다. 따라서 최근에는 핵무기 확산뿐 아니라 자연 재해를 미리 예측하고 알림으로써 인간의 피해를 최소화하기 위하여 초저주파 관측소를 지구 곳곳에 설치하여 활용하고 있다. 동남아 일대를 비롯하여 일본 등 지구 상에서 엄청난 피해를 가져왔던 '쓰나미'도 초저주파 관측소에서 관측된 바 있다.

공명
· · · · ·

빈 수레가 요란하다

속이 텅 빈 나무로 만든 목어(木魚)를 나무 막대로 두들기면 소리가 울려 큰 소리가 난다. 악기 중에도 바이올린, 비올라, 첼로 등은 가느다란 현을 진동시켜서 소리를

내는 현악기인데, 큰 소리를 내기 위해서 현을 커다란 빈 통에 붙여 놓았다. 현에서 발생된 소리는 통에서 울려서 큰 소리가 나는 것이다. 물이 담긴 통을 두들겨도 소리가 나는데 물이 가득 담긴 통에서 나는 소리는 작은 반면 빈 통에서 나는 소리는 크다. 그래서 실속없이 겉 모습만 화려한 것을 빗대는 말로 '빈 수레가 요란하다' 라는 속담도 있다. 악기는 빈 수레의 원리를 이용한 셈이다.

북은 두드려야 소리가 나고, 나팔은 불어야 소리가 난다

소리는 물체의 진동에 의해 만들어지는데 북은 두드려서 소리를 내고, 바이올린은 현을 진동시켜서, 나팔은 불어서 관 내의 공기 기둥을 진동시켜 소리를 낸다. 또 사람의 목소리는 성대의 떨림으로 만들어진다.

소리는 공기분자의 진동이 퍼져나가는 일종의 음파이다. 음파는 탄성체에서 전파되는 파동으로서, 탄성체를 이루고 있는 질점(質點)들이 압축과 팽창을 반복하면서 전파된다. 공기 중에서 음파는 파의 진행 방향과 같은 방향으로 공기의 구성 분자들이 몰렸다가, 앞쪽의 분자들에 의한 반발력에 의해 뒤로 몰리고, 앞쪽의 분자들은 더 앞쪽으로 몰리는 과정을 되풀이 하면서 퍼져나가며, 이 과정 중에 음파의 고유주파수는 증폭되어 진동의 폭이 커진다. 그리고 공기의 진동은 귀의 고막을 진동시키므로 소리를 들을 수 있다.

고유진동과 공명

모든 물체는 고유의 진동수를 가지고 있다. 큰 종과 작은 종이 서로 다른 소리가 나고 유리잔에 담긴 물의 높이에 따라 소리가 다르게 나는 이유는 각각의 물체마다 고유한 진동수를 갖고 있기 때문이다. 각 물체가 다른 소리를 낸다는 것은 물체가 고유한 진동수를 가지고 진동한다는 것을 의미한다. 이것을 그 물체의 고유진동수라 하는데, 한 물체는 여러 개의 고유진동수를 가질 수 있다.

만일 고유진동수가 서로 다른 여러 개의 소리굽쇠를 준비한 후 그 중의 한 고유진동수와 동일한 진동수를 갖는 소리굽쇠를 치면 소리굽쇠의 진동은 공기를 통해 전파하면서 다른 소리굽쇠에 힘을 가하게 된다. 즉 강제로 진동시키는데 같은 진동수를 가진 소리굽쇠는 진동하지만 다른 진동수를 가진 소리굽쇠는 거의 진동하지 않는다. 이것은 강제진동수와 고유진동수가 다르면 물체의 진동은 각 주기 안에서 힘과 속도의 방향이 반대이기 때문에 소멸되고, 고유진동수와 같으면 힘과 속도의 방향이 같아서 연속적으로 물체를 운동 방향으로 밀어내기 때문에 진동 폭이 커짐을 의미한다.

이와 같이 강제진동수와 물체의 고유진동수가 같아서 진폭이 커지는 현상을 공명이라고 한다. 이러한 현상은 길이가 다른 여러 진자들을 같은 축에 매달아 놓고 이들 중 한 개를 진동시켜도 일어난다. 이때는 길이가 같은 진자가 가장 큰 진폭으로 진동한다. 일반적으로 산란 매체의 진동수와 입사파의 진동수가 일치할수록 더 많은 진동과 산란이 일어나며 공명일 때 진동이 최대로 일어난다.

세탁기 통이 멈출 때는 쿵쿵거린다

세탁기로 탈수할 때는 세탁 통이 돌면서 회전속도에 따라 세탁기에 규칙적인 충격을 가하게 된다. 통이 빠르게 돌 때는 세탁기의 고유진동수와 아주 달라서 별다른 영향을 주지 못하다가 회전속도가 줄어들면서 어느 순간 고유진동수와 일치하게 되면 공명이 일어나 세탁기가 쿵쿵거리면서 흔들리게 된다. 이처럼 공명은 일정한 진동수에는 민감하게 반응하지만 그 범위를 크게 벗어나면 반응 자체가 없어지기도 한다.

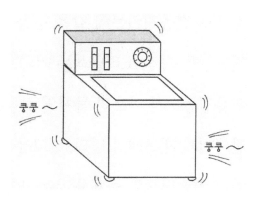

눈과 귀는 공명장치

정해진 주파수를 가진 빛만 인식할 수 있는 동물의 눈이라든가, 일정한 영역의 음파에만 반응을 하여 소리를 듣는 동물의 귀는 미세한 신호에 반응하는 공명기관이다. 동물마다 들을 수 있는 소리와 볼 수 있는 빛이 조금씩 다른 것은 공명을 일으키는 주파수 영역이 각자 조금씩 다르기 때문이다.

목소리로 포도주 잔을 깬다

성악가가 큰 소리로 노래를 부르면 포도주 잔이 깨지기도 한다. 이는 성악가가 포도주 잔의 고유진동수 중 하나에 해당하는 진동수를 갖는 큰 음을 내면 포도주 잔에는 고유진동의 진폭이 대단히 커져서 잔이 깨지는 것이다. 파동의 에너지는 진폭의 제곱에 비례하므로 공명 현상 때문에 진폭이 커진다는 것은 공명 조건에서 에너지가 가장 효율적으로 전달된다는 것을 의미한다.

다리를 건널 때는 휘파람을 불지 마라

1831년 영국의 한 보병 부대는 맨체스터 근처에 있는 현수교를 지나가게 되었는데 마침 그 중의 한 명이 휘파람으로 행진곡을 불었다. 병사들은 무의식 중에 행진곡에 따라 발을 맞추어 걸었을 뿐인데 그 다리는 심하게 흔들리다가 무너져 버렸다. 행진하는 군인의 규칙적인 발걸음이 다리의 고유진동수 중 하나와 일치해 그 다리는 공명 현상에 의해 진폭이 커져 파괴된 것이다. 이 사건이 일어난 이후부터 군인들이 다리를 건널 때는 발 맞추어 행군하듯이 걷지 않는다는 규칙이 생겼다. 워싱톤 주의 타코마 협교는 세워진 지 4개월 후에 가벼운 돌풍에 의해서 무너졌다. 그 이유 역시 바람이 다리의 진동수와 공명하면서 교량의 흔들림이 점점 커져 끝내 무너지게 된 것이다.

그네

그네를 밀 때는 그네가 움직이는 방향과 같은 방향으로 힘을 주어야 한다. 즉 그네가 앞으로 움직일 때는 앞으로 밀고, 뒤로 갈 때는 뒤로 당겨줘야 점점 큰 진폭으로 그네가 움직인다.

이것은 그네의 고유주파수와 동일한 주기로 힘을 가하여 공명 현상을 일으키는 것이다. 이와 반대로 그네를 멈추기 위해서는 그네가 움직이고 있는 방향과 반대 방향으로 힘을 주면 쉽게 멈춘다.

라디오 주파수 맞추기

가정에 있는 라디오 또는 텔레비젼 수신기에는 코일과 축전기로 연결된 동조 회로라고 하는 것이 있어 공명 현상을 일으키는데 사용된다.

원하는 방송을 청취하기 위해서는 라디오 주파수를 맞추거나 텔레비젼의 채

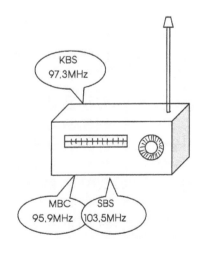

널을 바꾸는데 이것은 라디오나 텔레비전의 회로 진동수를 방송국의 전파 진동수와 일치시켜 공명을 일으키는 것이다. 이러한 공명 현상을 이용하기 위해서 각 방송국마다 고유의 주파수를 배정받아 사용한다.

특색 있는 음색

우리는 친구에게서 전화가 오면 목소리만 듣고도 그가 누구인지 금방 알 수 있다. 또한 음악을 들으면 무슨 악기로 연주하고 있는지도 쉽게 알 수 있다. 이와 같이 소리만 듣고도 상대방이 누구인지, 어떤 악기로 연주하는지 알 수 있는 것은 악기나 사람의 목소리는 저마다 특색 있는 음색을 가지고 있기 때문이다. 이러한 음색을 결정하는 중요한 요소가 공명이다. 공명이란 특정한 발성체가 내는 소리를 다른 2차적 발성체가 되받아 울려 주는 것이다. 바이올린이나 기타는 악기의 몸체를 공명상자처럼 만들어 악기 음을 공명시켜 더 많은 배음(倍音)을 만듦으로써 보다 아름답고 특색 있는 소리를 내고 있다. 사람의 목소리도 성대에서 부속강관을 통과하기까지 공명이 이루어지고 있다. 목소리가 그 발성 때의 음을 기준으로 했을 때, 그 음은 기음(基音)과 약간의 배음만 있을 뿐 그것 자체로서는 음색이 거의 없다. 이 상태에서 공명이 됐을 때, 보다 많은 배음이 형성되어 비로소 특징 있는 음색을 갖게 되는 것이다.

바이올린의 명품, 스트라디바리우스

바이올린은 풍부한 감정 표현과 다양한 음색으로 클래식 팬들의 많은 사랑을 받고 있다. 그 중에서도 17세기 무렵 안토니우스 스트라디바리가 만든 바이올린은 명품의 대명사로 손꼽힌다. 바이올린 소리는 현에서 나온 음파가 동체에서 얼마나 아름다운 공명을 만들어내느냐로 결정된다. 동체를 이루는 나무의 재질과 두께, 동체의 형태 등이 공명을 결정하는 요인이다. 스트라디바리우스의 동체를 분해해 스피커 앞에 놓고 주파수를 바꿔가며 진동을 조사해 본 결과, 신기하게도 동체의 공명주파수가 서양 음계의 음 간격과 정확히 일치했다.

현악기 중 콘트라베이스는 모양은 바이올린과 비슷하지만 크기는 현악기 중에 제일 크며 가장 낮은 소리를 낸다. 동체의 크기가 크므로 공명을 일으키는 주파수가 작기 때문이다. 손으로 현을 뜯으며 연주하는 하프에는 연주자 편에 있는 삼각형의 한 변은 속이 빈 공명상자로 되어 있어 소리를 증폭시킨다. 이와 같이 악기의 공명상자는 스스로 소리를 내지는 못하지만 악기 고유의 음색을 결정짓고 소리를 증폭시키는 중요한 역할을 한다.

전자레인지로 음식을 데운다

음식을 데우거나 요리하는데 사용되는 전자레인지도 공명 현상을 이용한 것이다. 오븐은 공기의 온도를 높여서 음식을 익히는 반면 전자레인지는 음식물에 포함된 수분을 이용해서 음식을 익힌다. 물 분자의 수소 이온 쪽은 양전하를, 산소 이온 쪽은 음전하를 띠고 있다. 이렇게 분자가 극성을 띠면 서로 다른 극성을 가진 분자와 결합하게 된다.

전자레인지는 결합된 분자에 진동수 2.45GHz인 마이크로파를 방출해 음식 속의 물 분자를 진동시킨다. 음식물 속의 물 분자가 공명 현상에 의해 맹렬히 진동하면 분자 운동으로 발생하는 열에너지가 음식물의 온도를 높이면서 데워지거나 조리된다. 따라서 수분이 부족한 음식은 공명 현상을 일으킬 수 있는 물 분자가 부족하므로 전자레인지로 데우거나 조리할 수 없다.

이와 같이 마이크로파의 진동수와 물 분자의 진동수가 동일해서 공명을 일으키는 것이 전자레인지의 원리이다. 그러나 마이크로파의 진동수 2.45GHz는 물 분자의 공명진동수 9GHz와 다르다. 물 분자의 공명진동수와 같은 마이크로파를 이용하면 에너지 흡수가 훨씬 빠른데 그렇게 하지 않는 이유는 마이크로파의 진동수가 증가하면 침투 깊이가 급격히 떨어지기 때문이다. 그러므로 마이크로파의 진동수를 물의 진동수까지 높

140

이면 음식물의 바깥쪽은 새까맣게 타고 안쪽은 덜 익어서 먹을 수 없게 될 것이다.

전자레인지로 음식을 끓여도 그릇은 뜨거워지지 않는다

전자레인지로 음식을 데우거나 요리할 때는 사기그릇이나 뚝배기에 음식을 담는다. 얼마 후에 보면 음식은 끓고 있는데도 그릇은 전혀 뜨겁지 않다. 이것은 음식에는 수분이 많아서 가열되지만 그릇에는 물 분자가 없기 때문에 뜨거워지지 않는 것이다.

알루미늄 포일에 싼 김밥은 전자레인지로 데워지지 않는다

마이크로웨이브는 금속을 투과할 수 없으므로 알루미늄 포일로 싼 김밥은 전자레인지로 데울 수 없다. 그래서 전자레인지에는 도기나 자기 또는 유리 그릇을 주로 사용한다.

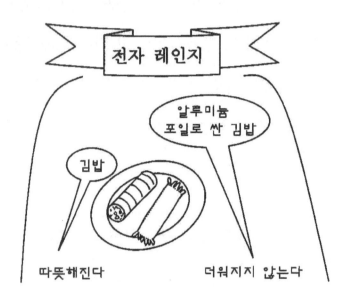

핵 자기공명을 이용한 단층촬영

물질은 원자로 이루어져 있으며 원자는 핵과 전자들로 구성돼 있다. 원자가 자기장 속에 있으면 회전하고 있는 전자 때문에 에너지 차가 생기고 이에 비례하는 고유진동수가 결정된다. 만일 물질에 입사된 전자기파가 고유진동수와 일치하여 공명이 일어나면 전자기파는 흡수되어 높은 에너지를 갖게 된다. 이것을 핵 자기공명이라고 하는데, 1964년에 발견된 이후 화학적, 의학적인 분야에 적용돼 왔다.

핵 자기공명 현상을 의학적인 분야에 응용한 장치가 자기공명 단층촬영장치인 MRI이다. 이것은 X선을 사용하지 않고 인체의 단면 사진을 찍는 장치인데, X선 단층촬영보다 더 높은 해상도를 가질뿐 아니라 방사선을 쓰지 않고 고주파의 전자기파를 사용하므로 인체 세포에 거의 무해하다는 장점을 가지고 있다. 인체의 대부분은 물로 이루어져 있으므로 몸에 자기장을 걸어주면 몸 안에 있는 수소 원자는 공명 현상에 의해 외부의 전자기파로부터 특정 진동수의 에너지를 흡수한다. 흡수된 에너지가 다시 낮은 상태로 될 때까지의 시간은 질병을 가진 세포에 따라서 다르

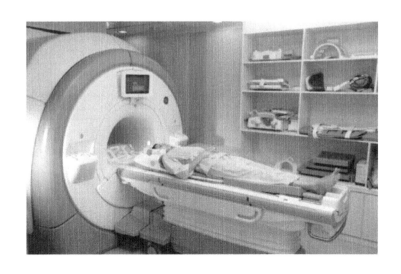

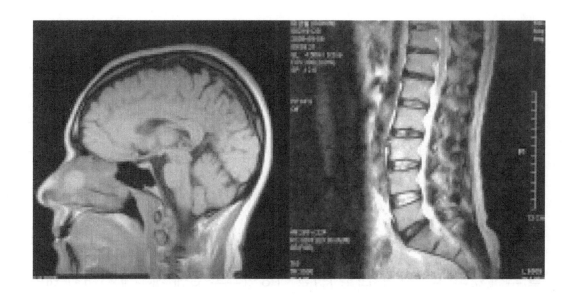

므로 질병에 대한 유용한 정보를 제공한다.

　물질 내의 수소 원자는 외부 자기장뿐만 아니라 주변 원자의 자기장에 의해서도 영향을 받는다. 같은 종류의 핵이라도 조금씩 다른 공명 주파수를 보이므로 공명 진동수를 통해서 물질 내의 여러 구조에 대해서도 알 수 있다.

제3장

열역학

더위와 추위가 없는 곳

땀이 줄줄 흐르는 어느 여름날, 젊은 스님이 스승에게 물었다.

"스님, 날씨가 너무나 덥습니다. 이럴 땐 어떻게 해야 합니까?"

"더위와 추위가 없는 곳으로 가라."

"그런 곳이 어디 있습니까?"

"더울 때에는 네 자신이 더위가 되고 추울 때에는 네 자신이 추위가 돼라. 그곳이 더위와 추위가 없는 곳이니라."

이것은 여름 나기의 지혜를 선물한 선가의 일화이다. 우리가 덥다고 느끼는 것은 나와 더위가 둘이 돼서 더운 것이지 더위와 내가 하나가 되면 더 이상 덥지만은 않다는 것이다. 실제로 우리가 더위를 느끼는 것은 우리 몸으로 열이 들어오기 때문이며 추위를 느끼는 것은 열이 우리 몸에서 빠져나가기 때문이다. 그런데 온도가 같은 곳에서는 열이 흐르지 않으므로 추위도 더위도 느끼지 않게 된다.

열과 온도

대포 가공을 하다가 손을 덴 백작

독일의 럼퍼드 백작은 1780년 대에 바이에른 공화국의 국방장관을 지내면서 놋쇠를 깎아 대포를 만드는 일을 감독한 일이 있었다. 그는 기계 가공을 할 때 포신에 우연히 손을 대었다가 뜨거워서 깜짝 놀랐다. 전혀 열을 가하지 않았는데도 손을 델 정도로 뜨거워졌기 때문이었다. 그리하여 '열의 본성은 놋쇠를 깎는 운동과 관련이 있을 것'이라고 생각하였다.

그 때까지는 열이란 '열소'라는 물질에 의해서 발생된다고 생각하고 있었기 때문에 '운동에 의해서 열이 발생된다'는 생각은 혁신적인 것이었다. 이러한 생각은 1799년 데이비 경이 진공 속에서 두 개

의 금속을 마찰시킬 때 발생하는 열로 초를 녹이는 실험을 보여 줌으로써 확인되었다. 그러나 당시의 과학자들에게는 열도 에너지의 일종이라는 사실이 받아들여지지 못하고 있다가 50여 년이 지난 뒤에야 사실로 인정되었다.

나뭇가지가 부딪치면 산불이 난다

산불은 등산객의 실수로 일어나기도 하지만 바짝 마른 나뭇가지들끼리 부딪쳐서 일어나기도 한다. 나뭇가지가 부딪친다는 것 자체는 순수한 기계적인 일이지만 이러한 '일'이 '열'로 변환되어 나뭇가지의 온도를 발화점 이상으로 올리면 나무에 불이 붙게 된다. 이러한 원리는 이미 원시인들도 터득하여 나뭇가지나 부싯돌을 마찰시켜 불을 만들어 사용하였다. 사실 럼퍼드 백작이 발견한 '대포를 가공할 때 많은 열이 발생하는 것'은 나뭇가지가 마찰되어 불이 붙는 것과 근본적으로는 동일한 현상이다.

물이 있어야 쇠를 깎을 수 있다

선반으로 쇠를 깎을 때는 빨갛게 달구어질 정도로 열이 많이 난다. 그래서 금속을 가공할 때는 항상 냉각수를 뿌려주면서 작업을 한다.

성냥과 라이터

19세기에 성냥이 등장하면서 부싯돌 방식의 점화기구는 없어졌다. 성냥은 나뭇개비 끝에 적린, 염소산칼륨 등의 발화연소제를 발라 붙이고, 성냥갑의 마찰면에는 유리가루, 규조토 등의 마찰제를 발라, 이 두 가지를 서로 마찰시켜서 불을 일으키는 발화용구이다. 1903년에는 오스트리아의 베르스바흐가 철과 세륨의 합금을 발화석으로 사용할 수 있음을 발견함으로써 라이터가 발명되어 지금까지 사용되고 있다. 이와 같이 성냥과 라이터도 마찰열을 이용하여 불을 붙이는 방법이다.

모터 레이서와 불꽃

오토바이 경주를 할 때 모터 레이서가 코너를 돌 때는 무릎이 거의 지면에 닿을 정도로 몸을 기울인다. 이때 무릎 보호대가 지면에 닿으면서 마찰을 일으키므로 마찰열로 인해 불꽃이 튀는 장면을 볼 수 있다.

열에 관한 초창기 이론

오늘날에는 열도 에너지의 한 형태임을 알고 있으나 예전에는 열이 일종의 물질이라고 생각하였다. 고대에는 물질이 연소하면 '플로기스톤' 이라는 물질을 방출한다고 생각하였다. 그 후 18세기에는 열은 눈에 보이지도 않고 무게도 없는 유체라고 믿었으며 이 물질을 '열소'(Caloric)라고 하였다. 그래서 열소는 일종의 질량이 없는 물질로서 온도를 높이는 원인으로 보았으며 물체를 가열하면 불에서 나온 열소가 물체 내로 전달

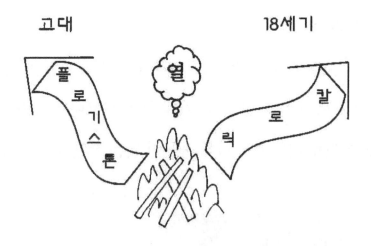

되는 것으로 믿었다.

만일 온도가 다른 두 물체가 접촉하면 뜨거운 곳에서 열소가 흘러 나와서 차가운 곳으로 흘러 들어가 뜨거운 물체는 온도가 내려가고 차가운 물체는 온도가 올라가서 결국에는 두 물체의 온도가 같아지며, 이 때 열소의 흐름이 중지된다고 생각하였다. 지금은 열이 물질이 아니라는 것을 알고 있지만 이 당시에 사용했던 칼로릭이라는 용어에서 연유하여 열의 단위로 칼로리(cal)를 쓰고 있다.

열과 일의 본성은 같다

19세기 초까지도 열과 일은 서로 관계가 없는 독립적인 존재라고 믿었으나 1840년 영국의 과학자 줄(Joule)에 의해 열의 본성이 일과 같다는

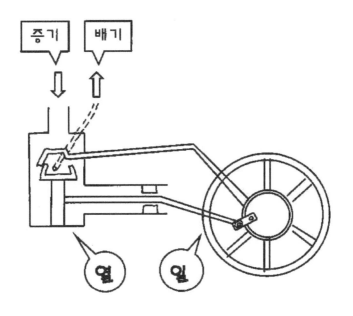

것이 발견되었다. 줄은 물 속에 담긴 물레방아를 돌리면 물의 온도가 올라간다는 것을 실험을 통하여 알아내고 물레방아를 돌리는데 든 일과 물의 온도를 올리는데 필요한 열량을 비교하여, 1칼로리(cal)는 4.2줄(J)에 해당한다는 사실을 밝혔으며, 이로 인해 열도 에너지의 한 형태임을 알 수 있게 되었다.

줄의 실험 이전에는 열과 일은 본성이 다른 존재로 생각하였기 때문에 열량은 칼로리, 일은 줄이라는 각각 다른 단위로 기술하였으나 현재는 두 단위를 구분 없이 사용한다. 열과 일은 본성이 같고 이들은 서로 바뀔 수 있다는 사실을 알았기 때문이다.

추운 곳에서 소변을 보면 부르르 떨린다

인체의 약 60% 이상은 물로 되어 있는데 그 양은 일정하게 유지되고 있다. 따라서 심한 운동이나 더운 날씨 등으로 땀을 많이 흘린 날은 몸에 물이 부족하게 되어 갈증을 느끼게 된다. 반대로 음식이나 음료수 등을 많이 먹어 몸에 물이 남아 돌 때는 소변을 통해 배출하게 된다. 소변은 따뜻한 체내에 저장되어 있다가 몸 밖으로 배출되기 때문에 몸으로부터 상당한 열을 가지고 나가게 된다. 우리 몸의 입장에서 보면 열량을 잃게 되는 것이다. 그래서 소변을 볼 때 손실되는 열량을 보충하기 위해 무의식적으로 근육을 움직이게 되므로 몸이 부르르 떨리게 된다.

특히 추운 겨울날, 소변을 보고 나면 저절로 몸이 떨리는 것은 몸 안에

서 따뜻한 물이 밖으로 방출되어 체온이 급격히 내려가게 되는 것을 운동을 통해서 방지하기 위한 신체반응이다. 즉 열의 방출을 회복하여 체온을 일정하게 유지하기 위한 우리 몸의 방어기능의 결과이다. 또한 해수욕장에서 모르는 척하고 물 속에서 오줌을 싸면 몸을 부르르 떨게 되는데 이것도 몸에서 빠져나간 열량을 보충하기 위해 일어나는 현상이다.

이와는 반대로 날씨가 더우면 땀이 나는데 이것은 몸에서 열을 방출함으로써 우리 몸의 체온을 일정하게 유지하기 위한 신체반응 때문이다.

온혈동물 중에는 생쥐가 가장 작다

메뚜기나 벌과 같이 작은 곤충들은 기온에 아주 민감하다. 이들은 몸 속에 피가 없어 자기 몸의 온도를 일정하게 유지하는 능력이 없기 때문이다. 따라서 더운 여름철에 활개를 치던 곤충들이 추운 겨울에는 눈에 뜨이지 않는다. 반면에 따뜻한 피를 가진 온혈동물들은 체온을 일정하게 유지할 수 있으므로 기온에 관계없이 춘하추동 언제나 활동한다. 일반적으로 온혈동물은 곤충보다 크며 온혈동물 중에

나보다 **작은** 동물 있으면 나와봐

는 생쥐가 가장 작은 것으로 알려져 있다.

생쥐보다 작은 동물이 없는 이유는 몸의 크기가 작아지면 상대적으로 표면적이 커져서 열의 발산이 커지므로 체온이 너무 낮아지기 때문이다. 따라서 열의 발산은 동물의 크기를 제한하는 요소로 작용하고 있다.

잠 못 이루는 열대야

한밤중의 온도가 25℃ 아래로 내려가지 않는 밤을 열대야라고 하는데 열대야에는 너무 더워서 잠을 이루기가 어렵다. 그런데 낮에는 25℃이면 전혀 더운 날씨가 아닌데 잠을 잘 때는 덥게 느껴지는 것은 왜 그럴까? 그것은 잠을 잘 때는 우리의 체온이 낮아져서 기온과 온도차가 작아지므로 몸에서 방출되는 열이 낮보다 적어지기 때문이다.

이열치열(以熱治熱)

여름에 더위를 이기는 방법 중 하나로 이열치열이란 방법이 있다. 날씨가 아주 더우면 더위를 피하는 대신에 오히려 더운 음식을 먹으며 더위와 맞닥뜨리는 것이다. 실제로 땀을 뻘뻘 흘리면서 더운 음식을 먹으면 오히려 더위를 느끼지 않게 된다. 이것은 땀을 통해서 열량을 밖으로 방출함과 아울러 더운 음식 때문에 우리 몸이 더워지므로 외부 기온과의 온도 차가 적어서 우리 몸으로 들어오는 열량이 적으므로 더위를 덜 느끼게 되는 것이다.

돈의 흐름

열은 흐르고 돈은 유통된다고 한다. 즉 열과 돈은 흘러서 이동한다. 돈은 어디에서 어디로 흐르는 것일까? 일반적으로 돈의 흐름은 이익이 많은 곳을 찾아서 흐른다. 돈벌이가 잘 되는 곳에는 어김없이 돈이 몰려든다. 예를 들어 아파트를 분양받을 경우 웃돈이 생긴다면 그런 곳에는 어김없이 떴다방이 생긴다. 이와 유사하게 열도 일정한 방향으로 흐르는데, 열은 온도가 높은 곳에서 낮은 곳으로 흐르며 온도 차가 없을 때는 열은 흐르지 않는다.

부자와 거지, 그리고 돈

부자는 돈이 많고 거지는 돈이 없다. 그래서 거지도 돈이 많이 생기면 부자가 되고, 부자도 돈이 전부 없어지면 가난뱅이 거지가 된다. 돈은 부자와 거지를 만드는 직접적 요인인데, 돈이란 우리가 벌기도 하고 잃을 수도 있는 실체이다. 그러나 부자나 거지라고 하는 것은 어떤 사람이 돈이 있는지 없는지를 나타내는 개념적인 척도일뿐이며 벌어들이거나 잃게 되는 실체는 아니다.

열과 온도

물체에 열이 들어가면 뜨거워지고 열이 나가면 차거워진다. 돈이란 실제로 존재하는 것이고, 부자나 거지는 개념적인 것과 같이, 열이란 실제로 존재하는 것이고 뜨겁다든지 차다는 것은 개념적인 것이다. 여기서 뜨겁고 찬 정도를 정량적으로 나타낸 것이 온도이며 온도가 높을수록 덥고 온도가 낮을수록 차다. 따라서 물체에 열이 들어가면 온도가 올라가고 열이 나가면 온도가 내려간다.

열은 분자의 운동에너지다

모든 물체는 분자로 구성되어 있고 이들 분자는 계속 운동한다. 열이란 이러한 분자들의 운동에너지이다. 온도가 높으면 분자의 운동이 활발하므로 온도가 높은 물체의 분자는 온도가 낮은 물체보다 운동에너지가 크다. 물체에 열이 들어가면 온도가 올라가는 이유는 외부에 있는 빠른 분자가 물체를 이루고 있는 느린 분자와 마주치며 상호작용을 일으켜서 물체를 이루는 분자들의 운동속도가 빨라지기 때문이다. 따라서 온도가 높은 물체와 낮은 물체를 접촉시켜 놓으면 분자들의 충돌에 의해서 온도가 높은 곳에서 낮은 곳으로 열에너지가 전달된다.

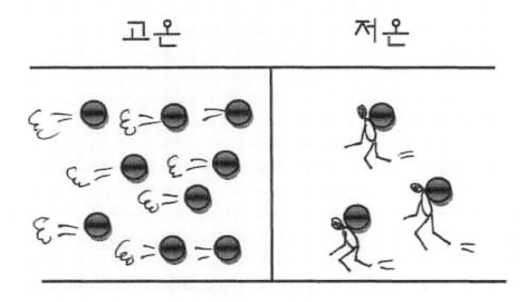

낮은 데로 임하소서

물이 높은 곳에서 낮은 곳으로 흐르듯이 에너지의 일종인 열도 온도가 높은 곳에서 낮은 곳으로 흐른다. 만일 자연현상에 거슬려서 물을 낮은 곳에서 높은 곳으로 보낼 때는 펌프를 사용해서 추가로 일을 하여주어야 한다. 이와 유사하게 온도가 낮은 데서 높은 곳으로 열을 이동시키기 위해서는 외부에서 일을 하여 주어야 한다.

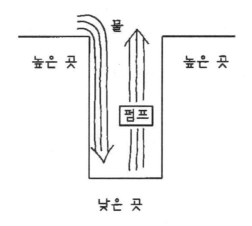

열펌프

물은 자연적으로 높은 곳에서 낮은 곳으로 흐르는데, 그 반대로 낮은 곳에서 높은 곳으로 끌어올리려면 두레박이나 펌프를 사용하여 일을 해주어야 한다. 이와 유사하게 열도 온도가 높은 곳에서 낮은 곳으로는 자연적으로 이동하지만, 찬 곳에서 더운 곳으로 이동시키려면 열펌프를 사

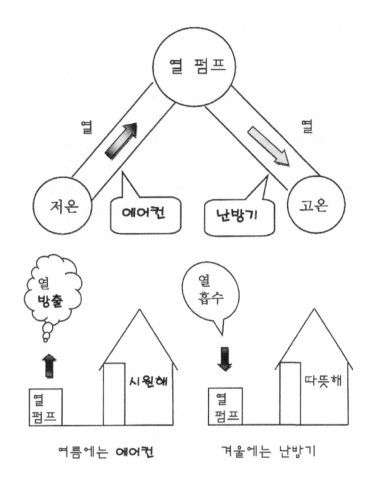

여름에는 **에어컨**   겨울에는 난방기

용하여 기계적인 일을 해주어야 한다. 이것은 펌프로 물을 끌어올리는 것과 같은 이치인데 열기관 사이클을 반대로 작동시키면 열을 이동시키는 열펌프가 된다. 열펌프는 냉각장치와 가열장치로도 사용될 수 있다.

열펌프의 원리는 1850년 켈빈에 의해 제창되어, 1934년 냉난방용으로 실용화되었다. 우리가 가정에서 사용하고 있는 열펌프 장치로는 냉장고

나 에어콘이 있다. 냉장고의 경우는 항상 차가운 온도를 유지하기 위하여 외부보다 온도가 낮은 냉장고 안에서 열을 빼내어 온도가 높은 냉장고 밖으로 열을 방출한다. 냉장고와 반대 개념의 열펌프는 겨울에 온도가 낮은 차가운 바깥에서 열을 퍼 올려서 상대적으로 온도가 높은 실내로 열을 공급하여 방 안을 항상 따뜻하게 만들어 주는 난방기가 있다.

열과 관련된 속담

- 군불에 밥짓기다.
- 남의 일을 해주는 김에 자기 일도 한다.
- 밑천도 들이지 않고 쉽게 한다는 뜻.
- 겨울 화롯불은 어머니보다 낫다.
- 추운 겨울에는 따뜻한 것이 제일 좋다는 뜻.
- 굽은 나무는 반드시 불에 쬐어서 바로 잡아야 곧아진다.
- 굽은 나무는 불에 쬐어서 마로 잡듯이 나쁜 짓을 한 사람은 반드시 뉘우치도록 만들어서 고쳐야 한다는 뜻.
- 머리를 삶으면 귀도 익는다.
- 기본 문제를 해결하면 지엽적 문제는 저절로 해결된다는 뜻.

열의 전달

. . . .

차가운 물수건으로 열을 내린다

감기에 걸리면 뜨거운 이마에 차가운 물수건을 놓아 이마의 열을 내린다. 또한 뜨거운 물에 차가운 얼음을 넣으면 얼음이 녹으면서 물의 온도는 내려가게 된다. 이와 같이 뜨거운 것과 차가운 것 사이에는 온도 차가 있어서 열이 이동한다.

열은 평형상태가 될 때까지 이동한다

열이란 분자의 운동에너지이다. 물체에 열이 들어가면 온도가 올라가는 이유는 외부에 있는 빠른 분자들이 물체와 부딪쳐서 물체를 이루는 분자들의 운동속도가 빨라지기 때문이다. 열은 항상 고온의 물체에서 저온의 물체로 이동하는데 두 물체의 온도가 같아지는 열평형 상태까지 이동한다. 열의 이동 방법에는 전도, 대류, 복사 세 가지가 있다.

[전도] 손을 데면 귀를 만진다

실수로 뜨거운 물체를 만져서 손을 데면 우선 귀를 만지는 경우가 많다. 이것은 귀가 얇아서 우리 몸에서 가장 찬 부위이기 때문이다. 이 경우 손과 귀를 접촉시킴으로 손에서 귀로 직접 열이 전달되므로 뜨거웠던 손이 금방 식는 효과가 있다.

이와 같이 온도가 다른 두 물체가 접촉되면 분자끼리 충돌하면서 고온 물체의 열에너지가 저온 물체로 이동한다. 이렇게 물체의 접촉에 의해 분자의 운동에너지가 전달되는 열의 이동 방법을 전도라고 한다. 특히 자유전자가 많은 금속은 두 물체가 접촉될 때 자유전자가 열의 전도를 도우므로 열전도율이 크다. 열전도는 열평형이 될 때까지 진행되며 고온의 물체가 잃은 열량은 저온의 물체가 얻은 열량과 같다.

고비 사막의 전령

13세기에 고비 사막에서는 말을 탄 전령이 릴레이 식으로 소식을 전하는 제도가 있었다. 예를 들어 첫번째 초소에 있는 전령이 군사 소집 통지서를 두번째 초소에 전하면 두번째 초소의 전령이 세번째 초소에 전하고…. 이런 전달 방법으로 몽골인들은 고비 사막에서 하루에 50~60마일 밖까지 소식을 전하는 것이 가능했다고 한다. 이렇게 인접한 전령들이 직접 만나 단계적으로 멀리까지 소식을 전달하는 것은 마치 물체가 접촉하여 열에너지를 전달하는 전도와 유사한 과정이라 할 수 있다.

눈이 많이 오면 보리가 풍년이다

차갑게만 생각되는 눈도 단열효과가 아주 우수하므로 보리 농사는 눈과 관련이 있다. 보리는 가을철 입동 전에 씨를 뿌려서 난 싹이 겨울을 지낸 후 봄에 성장하여 하지게 수확하게 된다. 따라서 보리의 싹은 얼지 않고 추운 겨울을 지내야 한다. 다행인 것은 보리 밭에 내린 눈은 보리 싹을 보온시켜 추운 날씨에도 얼지 않게 된다. 그래서 '겨울에 눈이 많이 오면 보리가 풍년이다'는 말이 있다.

얼음 집도 따뜻하다

에스키모 인들은 멀리 사냥을 나가있을 때는 얼음과 눈으로 이글루를 만들어서 추위를 피했다. 얼핏 생각하면 눈과 얼음으로 만든 집이라 추울 것 같으나 이글루의 건축 재료인 눈과 얼음은 좋은 단열재이며 특히 그 두께가 두꺼울수록 단열효과는 더욱 우수하다. 그래서 이글루는 바깥의 찬 공기가 내부로 유입되는 것을 막아주어 따뜻함을 유지할 수 있다.

이러한 이글루는 거친 자연환경에서 살아 남기 위한 과정에서 탄생하였지만, 요즘은 아주 특별하고 환상적인 체험을 할 수 있는 공간으로 얼음 호텔이 탄생되어 인기 만점의 관광명소가 되고 있다.

얼음 호텔은 영하 20~40℃까지 웃도는 바깥 추위를 영하 4℃까지 올려 유지한다. 얼음 호텔은 1989년도에 스웨덴의 톤(Torne)강 기슭에 만들어진 유카샤에르비 호텔(Jukkasjarv Hotel)이 가장 오래된 것이다. 그 유래는 방을 구하지 못한 여행자가 얼음 예술가가 만든 얼음 실린더 모양의 이글루 안에 들어가서 하룻밤을 지내게 된 것이 계기가 되어, 한 여관 주

인의 아이디어로 처음 지어지기 시작했다. 스웨덴의 이 얼음 호텔은 매년 12월에서 이듬해 5월까지 운영된다.

산타마을로 유명한 핀란드의 남쪽 항구 도시 케미에 있는 스노우캐슬은 세상에서 가장 큰 얼음 요새로 불리고 있는데, 보통의 호텔들이 갖는 기능을 대부분 가지고 있다. 숙박시설 뿐만 아니라 결혼식을 올릴 수 있는 예배당과 레스토랑, 영화관, 예술 센터, 술집, 전시관도 있으며, 얼음 호텔은 그 자체가 예술품이라고 할 수 있을 정도이다. 얼음 호텔은 매년 테마가 바뀌어 새로 지어지고 있는데, 건축 재료인 얼음을 얻기 위해 대개 강 주변에 있으며 지금은 스웨덴, 캐나다, 핀란드, 일본, 루마니아 등 세계 여러 곳에서 매년 얼음 호텔이 운영되고 있다.

두꺼운 옷 한 벌보다 얇은 옷 여러 벌이 더 따뜻하다

얇은 옷을 여러 벌 겹치면 옷과 옷 사이에 공기 층이 만들어지므로 두꺼운 옷 한 벌에 포함되어 있는 공기보다 더 많은 공기를 포함하게 된다. 따라서 추운 겨울에 두꺼운 옷 한 벌을 입는 것보다 얇은 옷 여러 벌을 겹쳐 입으면 옷 사이에 있는 공기가 열을 잘 전달하지 않기 때문에 더 따뜻하다. 이와 같이 공기의 층을 만들면 좋은 보온 효과를 얻을 수 있다.

털은 공기 때문에 따뜻하다

동물들은 털이 있어 추위를 잘 견딘다. 털은 찬 공기가 피부에 접촉되는 것을 막아주기 때문이다. 특히 남미 페루의 고산지대에서 많이 사육하고 있는 알파카의 털은 가볍고 열 차단 효과가 뛰어나므로 파카, 침낭, 고급 옷의 안감 등으로 쓰인다. 알파카의 털은 속이 비어 공기가 들어 있으므로 다른 짐승들의 털보다 훨씬 더 따뜻하기 때문이다.

공기가 많이 함유되어 있을수록 더 따뜻한 것은 공기의 열전도율이 작기

때문이다. 솜은 공기를 많이 함유하고 있어 단열효과가 우수하므로 방한복에 솜을 넣기도 한다. 솜을 오랫동안 사용하면 솜 사이에 들어 있는 공기가 적어져 단열효과가 떨어지는데 이때는 기계로 솜을 타거나 햇볕에 말리면 다시 솜 사이의 빈 공간이 부풀어서 공기를 많이 함유하게 되어 따뜻하게 사용할 수 있게 된다.

이러한 공기 함유율은 솜보다 새의 깃털이 훨씬 더 크다. 특히 오리나 거위의 깃털에는 공기주머니라 불리는 미세한 빈 공간이 수 없이 많아 솜이나 다른 동물들의 털보다 공기를 더 많이 함유하고 있다. 그래서 추운 겨울에는 오리 깃털이나 거위 깃털을 넣은 덕다운(duck down)이나 구스다운(goose down)이 방한복으로 많이 착용되고 있다.

알파카

낙타과 동물로서 몸길이 2m, 어깨 높이 90㎝, 몸무게 60㎏ 정도이며 털 색깔은 검은색, 갈색, 흰색 등이다. 알파카는 털을 얻기 위해 남아메리카의 안데스 지역에서 가축화된 것으로 야생 생태계에는 존재하지 않는다. 주로 남부 페루, 북부 볼리비아 등의

4,000~5,000m 고지에서 방목된다. 털은 가볍고 열 차단 효과가 뛰어나며 다소 거칠다.

순망치한(脣亡齒寒)

서로 도우며 떨어질 수 없는 사이를 순망치한이라고 한다. 글자대로 풀이하면 입술이 없으면 이가 춥고 시리다는 말이다. 외부로부터 찬 기운이 들어오는 것을 입술이 막아주므로 이가 시리지 않은데 여기서 입술은 열의 전도를 차단하는 역할을 한다.

초가지붕의 단열성

초가지붕을 만드는 데 쓰이는 볏집은 속이 빈 대롱 형태이기 때문에 초가지붕은 단열효과가 좋다. 아파트나 주택의 경우는 지붕 사이에 공기층을 만들어 단열효과를 얻는다.

아파트의 베란다와 겹 유리

아파트의 베란다는 보온 역할을 하는 중요한 곳이다. 즉, 여름에는 창밖의 열이 집 안으로 들어오는 것을 막아주며, 겨울에는 집 안의 열이 밖으로 나가는 것을 막아준다. 기체는 액체나 고체에 비해 열전도율이 작기 때문에 아파트의 베란다는 이러한 공기의 단열 효과를 이용한 것이다.

겹유리(pair glass)는 공기 층이 열전도가 잘 되지 않는 성질을 이용한 것이다. 얇은 유리 두 장을 겹쳐서 사용하는 겹유리는 두 배로 두꺼운 유리 한 장보다 보온이 더 잘 되는 것도 유리 사이의 공기가 단열효과가 좋기 때문이다. 실제로 공기의 열전도율은 유리의 1/40 밖에 되지 않는다. 따라서 겹유리는 공기 층이 열전도가 잘 되지 않는 성질을 이용하여 좋은 보온 효과를 얻을 수 있도록 만든 것이다.

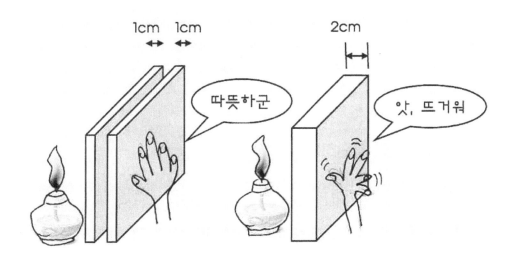

쇠는 나무보다 차갑다

한 겨울에 밖에 놓여있는 쇠 의자는 나무 의자보다 훨씬 더 차겁게 느껴진다. 이것은 우리 몸에서 열을 더 많이 빼앗아 가기 때문이다. 이렇게 열을 많이 빼앗을수록 열전도도가 큰 물질이다. 즉, 철의 열전도율이 나무의 열전도율보다 크다.

여름에는 뜨겁게 느껴질수록 열전도도가 큰 물질이다. 그래서 옥외에서는 쇠로 만든 벤치보다 열전도율이 작은 나무로 만든 목조 벤치를 많이 사용한다.

모래는 바위보다 시원하다

바위가 깨지면 모래가 되니까 바위와 모래는 같은 성분임을 알 수 있다. 그러나 바위보다는 모래가 더 천천히 뜨거워지고 천천히 식는다. 이것은 모래 알갱이 사이에 들어있는 공기가 열을 잘 전달하지 않는 단열재 역할을 하기 때문이다.

주물공장에는 모래가 필요하다

주물공장에서는 가마솥을 만들 때 틀에 부은 쇳물이 식으면 뜨거운 쇳덩어리를 모래 바닥에 쏟아 놓는다. 그러면 모래 알갱이 사이에 있는 공기가 열을 차단하기 때문에 공장 바닥이 뜨거워지지 않고 쇳덩어리는 천천히 식는다.

이와 같이 모래는 대단히 우수한 단열재로 산업체에서 많이 사용되고 있다.

얼음 녹는 소리

공기 중에서 얼음이 녹을 때는 아무 소리가 나지 않지만 물 속에서 녹을 때는 얼음 녹는 소리가 난다. 이것은 공기보다 물의 열전도율이 크기 때문에 생기는 현상이다. 공기는 열전도율이 작아서 공기 중에 있는 얼음은 내부와 외부의 온도 차이가 크지 않다. 그래서 열이 서서히 전도되므로 온도 변화가 작아서 얼음은 천천히 소리 없이 녹는다. 그러나 공기보다 열전도율이 훨씬 큰 물에 얼음을 넣으면 얼음의 내부와 외부 사이의 온도 차이가 급격히 커지므로 얼음에 금이 가면서 깨지는 소리가 나는데 이것이 얼음 녹는 소리이다.

건식 사우나실은 100℃가 넘어도 견딜 수 있다

우리가 사우나실에서 덥다고 느끼는 것은 공기 분자의 운동 상태가 충돌에 의해 피부를 구성하는 분자에 전달되어 체온이 상승하기 때문이다. 그런데 몸으로 전도되는 열과, 땀으로 방출되는 열량이 비슷하면 체온 조절 기능으로 인하여 체온이 급격히 상승하지 않으며 피부의 온도도 화상을 입을 정도로 뜨거워지지 않는다.

열역학적으로 온도라고 하는 것은 물체를 구성하는 입자의 평균 운동 에너지로 정의되므로 물체가 가지고 있는 총 에너지는 입자의 수에 따라 결정된다. 따라서 습기가 적은 건식 사우나는 100℃ 이상의 높은 온도로 설정되더라도 몸에 부딪히는 입자 수가 적어서 전체적으로는 열에너지가 적으므로 피부가 견딜 수 있다. 그러나 습기가 많은 습식 사우나는 수증기에 포함된 물 분자 수가 많아 온도를 조금 낮게 설정하더라도 몸에 전달되는 열에너지는 건식 사우나에서보다 더 클 수 있다. 이러한 이유로 습식 사우나는 건식 사우나보다 온도를 더 낮게 설정한다.

또한 물 속에서는 땀에 의한 열 방출보다 물에서 피부로 전달되는 열전도량이 훨씬 많으므로 뜨거운 물 속에서는 치명적인 화상을 입을 수 있다. 따라서 온탕의 온도는 사우나 보다 훨씬 낮게 설정해야 한다.

마른 수건을 두르면 뜨겁지 않다

건식 사우나실에서는 100℃ 이상의 높은 온도에서도 오래 견딜 수 있는 것은 공기가 비교적 양호한 절연체이기 때문이다. 그래서 사우나실의 온도가 높을 때는 마른 수건을 한 장만 머리에 두르고 있어도 수건에 함유된 공기가 훌륭한 단열효과를 하므로 편안하게 사우나를 할 수 있다. 그러나 물수건을 머리에 얹는 것은 위험하다. 왜냐하면 물수건을 차갑게

만들어서 갖고 들어가더라도 높은 온도 때문에 찬 물수건이 금세 뜨거운 습포가 되어 버리기 때문이다.

물론 머리를 감는 것도 좋지 않다. 머리를 감고 100℃가 넘는 건식 사우나 실에 들어가면 젖은 머리에서 흐르는 뜨거운 물로 피부를 델 수도 있다. 마치 겨울에 젖은 스웨터를 입고 거리에 서 있으면 동상에 걸리는 것과 같다고 할 수 있다.

[대류]에어컨은 높은 곳에 설치한다

액체나 기체는 열을 받으면 분자들의 운동이 활발해져 분자 사이의 거리가 멀어지므로 부피가 팽창하고 밀도는 작아지게 된다. 그러면 상대적으로 가벼운 분자들이 위로 이동하고, 위에 있던 분자들이 아래로 내려와서 다시 열을 받아 위로 올라가는 과정이 반복되어 유체 전체가 가열된다. 이와 같이 기체나 액체 내에서 밀도 차에 의해 분자들의 집단적인 순환에 의해서 열이 이동하는 현상을 대류라고 한다. 열전도율이 낮은 액체나 기체는 이러한 대류에 의해 온도가 균일해진다.

대류 현상을 이용한 냉방장치로 에어컨이 있다. 에어컨은 높은 곳에 설치하여 위의 공기를 차게 만들어 밀도가 큰 찬공기가 아래로 내려가고, 아래의 따뜻한 공기는 위로 올라가서 방안 전체가 시원해지도록 한다. 만일 에어컨을 아래에 설치한다면, 아래에 있는 차가운 공기가 위로 올라갈 수 없어서 대류 현상이 잘 일어나지 않고 위에는 더운 공기가 그대로 있게 된다.

체감온도는 실제 온도보다 낮다

목욕탕에서 열탕에 들어서면 처음에는 너무 뜨거워서 못 견딜 정도라도 물 속에 조금 앉아 있으면 별로 뜨겁게 느껴지지 않는다. 이것은 우리 몸 주위의 물 온도가 다른 곳보다는 내려갔기 때문이다. 그러나 물을 젓는다든지 몸을 조금 움직이면 또 다시 뜨겁게 느껴진다. 이와 같이 열탕의 온도와 우리가 피부로 느끼는 온도는 일치하지 않을 수 있다.

추운 겨울에 바람까지 세차게 불면 우리 몸에서 열을 더 많이 빼앗기므로 훨씬 더 춥게 느껴진다. 그래서 겨울철 날씨를 예보할 때 기온은 영하 10℃인데 체감온도는 영하 15℃라고 하기도 한다. 이와 같이 바람이 부는 날 체감온도가 실제 온도보다 더 낮아지는 이유는 바람이 불면 우리 몸 주위의 따뜻해진 공기를 날려보내고 차가운 공기가 몸 가까이로 오기 때문에 온도 차이가 더 크게 되어 열을 급격히 빼앗기기 때문이다.

사막에서는 남자들도 원피스를 입는다

사막에서는 보통 하얀 옷을 입지만 사하라 사막에 사는 아랍의 유목민인 베드윈족은 검은 천으로 된 헐렁한 원피스를 입고 산다. 검은 옷을 입으면 흰 옷을 입을 때에 비해서 옷 안의 온도가 6℃ 정도 더 높아지는데 이렇게 더워진 공기는 가벼워지므로 상승해서 헐렁한 옷의 윗부분으로 빠져나가고 외부의 공기가 아래의 터진 곳으로 들어오기 때문에 몸 주위로 언제나 바람이 불게 된다. 그러면 땀의 증발이 활발해지기 때문에 그 기화열로 인해 시원하게 느끼게 된다. 바람이 부는 날 체감온도가 낮아져서 실제 기온보다 더 춥게 느껴지는 것과 같은 이치이다.

[복사] 내 햇빛을 가리지 말라

열은 빛처럼 전자기파 형태로 전달되기도 하는데 이것을 복사라고 한다. 이 때 고온의 물체는 전자기파를 방출해서 온도가 내려가고 저온의 물체는 전자기파를 흡수하여 온도가 올라간다. 태양에서 오는 빛은 복사 에너지이며 적외선, 가시광선, 자외선 등의 전자기파를 열복사선이라고 한다. 이 때 열복사선의 열은 분자들이 충돌하거나 이동하는 일 없이 흡수나 방출에 의해 전달된다. 그러므로 열이 복사에 의해 전달될 때는 기체, 액체, 고체 등의 중간 매질이 전혀 필요 없다. 열을 가진 모든 물체는 열복사에 의해 열을 흡수하거나 방출하는데 그 양은 물체의 온도나 표면의 성질에 따라 다르다.

철학자 디오게네스는 그에게 찾아와서 무엇을 도와주었으면 좋겠느냐고 묻는 알렉산더 대왕에게 "햇빛을 가리지 않게 조금만 비켜달라"는 말을 했다는 일화가 있다. 그가 심오한 물리 법칙을 알지는 못했겠지만 태양 광선이 복사열을 전달한다는 것은 체험을 통해 잘 알고 있었던 것 같다.

겨울에 난로 앞에 있으면 따뜻한데 누군가가 난로 앞을 가로막으면 갑자기 싸늘해지는 것도 난로에서 방출되는 복사열이 차단되기 때문이다.

온실효과

태양에서 방출된 빛은 대기층을 통과하면서 20% 정도가 흡수되고, 구름이나 지표면에서 반사되거나 산란되면서 30% 정도가 다시 우주 공간으로 방출되며, 나머지 50%는 지표면에서 흡수되어 지표면을 데우는데 쓰이게 된다. 더워진 지표면은 파장이 긴 장파를 복사한다.

만일 지구에 이산화탄소나 수증기 등의 온실 기체가 없다면 지구의 연평균 기온은 -18℃로 추워지는데, 온실 기체가 지구에서 복사되는 열에너지를 흡수하여 다시 대기층으로 내보내기 때문에 평균 기온 15℃를 유지하고 있다. 즉 온실 기체에 의한 지구의 기온 상승은 33℃나 되는 것이다. 그런데 이것이 심해지면 연평균 기온이 더 높아져서 이상기온 현상으로 인한 폐해가 생겨나게 된다.

검은 물체는 열을 잘 흡수한다

물체를 검은색으로 칠하면 빛이 잘 흡수된다. 구멍이 검게 보이는 것도 빛이 흡수되기 때문이다. 이상적인 경우 입사되어 들어오는 열복사선을 모두 흡수하는 물체를 흑체라고 한다. 흑체의 온도가 높아지면 흑체에서 방출되는 복사에너지는 여러 가지 파장의 전자기파를 동시에 방출한다. 이 때 복사체에서 방출하는 복사선 중에서 에너지가 제일 큰 열복사선의 파장은 복사체의 표면온도에 반비례한다. 또한 복사체의 표면을 흑체라고 하면 단위 표면적에서 단위 시간에 방출되는 복사에너지는 복사체 표면의 절대온도의 네 제곱에 비례한다.

비열
·······

북극곰 수영대회

해마다 추운 겨울이 되면 세계 곳곳에서 북극곰 수영대회가 열린다. 수영복만 입은 채 찬 바닷물에 뛰어들어 수영하는 모습은 보기만 해도 추위가 느껴지지만 정작 수영하는 사람들은 아무렇지도 않다는 표정들이다. 사람들이 이렇게 추위를 견딜 수 있는 것은 우리 몸의 60% 이상이

물로 구성되어 있어서 체온이 금방 내려가지 않기 때문이다. 겨울철 영하의 날씨에도 불구하고 따뜻한 방에 있다가 밖에 나가면 금방 춥다고 느껴지지 않는데 이것도 우리 몸의 대부분이 비열이 큰 물로 이루어져 있어 몸이 쉽게 차가워지지 않기 때문이다.

변하지 않는 체온

물은 비열이 매우 큰 물질로써 인간이 항상 일정한 체온을 유지하며 살아가는데 아주 중요한 요인이다. 사람의 체온은 외부 기온이 크게 변해도 거의 일정하게 36.5℃로 유지되는데, 이것은 연속적인 상호생리학적 반응을 통하여 체내에서 비교적 안정된 내적 환경을 유지하려는 경향을 가지고 있기 때문이다. 이러한 안정된 환경을 조성하는데 큰 역할을 할 수 있는 것은 우리 몸의 60% 이상이 비열이 큰 물로 구성되어 있기 때문이다. 만약 물의 비열이 작다면 아무리 상호생리학적 반응을 일으켜도 일정한 체온을 유지하기 어려울 것이다.

또한 두뇌는 80% 이상이 물로 구성되어 있어 신체의 다른 부위보다 물이 차지하는 비율이 더 크므로 혹독한 환경 속에서도 기능을 잃지 않도록 만들어져 있다. 만일 물의 비열이 아주 작다면 뜨거운 햇살에서 우리의 몸은 아이스크림처럼 녹을 수도 있고, 추운 겨울에는 눈사람처럼 얼어붙을 수도 있을 것이다. 만약 지구의 대부분이 비열이 큰 바다가 아니라 비열이 작은 육지였다면 겨울에는 모든 생명체가 얼어 버리고 여름에는 모든 생명체가 화상을 입게 되는 혹독한 환경이 되어 생명체가 살기 힘들 것이다.

찜질방 안에서도 덥지 않은 사람들

북극곰들은 추위를 잘 견디지만 그 반면에 더위를 잘 견디는 사람들도 있다. 이들이 주로 찾는 찜질방에는 사막의 더위를 느낄 정도의 건조하고 더운 방이 있는가 하면, 때로는 덥다 못해 뜨겁게 느껴지는 방도 있다. 요즘은 그것도 모자라서 불가마라고 하는 곳도 있다. 이곳은 너무 뜨거워서 피부가 직접 노출되면 화상을 입을 수 있으므로 가마나 담요를

머리부터 발목까지 뒤집어쓰고 들어가야 된다. 심지어는 숯가마를 찜질방으로 사용하는 곳도 있다.

이렇게 뜨거운 곳에서도 견딜 수 있는 것은 우리 몸의 대부분이 물로 구성되어 있어서 체온이 금방 올라가지 않기 때문이다. 우스갯소리로 요즘은 지옥에 들어가려면 줄을 길게 늘어서야 된다는 말도 있다. 지옥 불도 우리 나라 사람들에게는 뜨겁게 느껴지지 않을 정도이므로 더 뜨겁게 때기 위해 시간이 걸리기 때문이라고 한다.

냉장실 안에서도 춥지 않은 이유는?

찜질방은 뜨거운 공기 속에 몸이 노출되었을 때 땀이 흐르는 가운데 상쾌함을 느끼지만 너무 오랫동안 더운 방 속에 있으면 지치게 되므로 차가운 것이 그리워진다. 그래서 찜질방에는 여러 명이 한꺼번에 들어갈 수 있는 냉장실이 설치된 곳도 있다. 냉장실 내부는 온통 얼음으로 덮여 있어 반소매 찜질방 옷만 입고 들어가면 상당히 추울 것 같지만 몸이 더워진 상태에서는 한동안 추위를 느끼지 못하다가 한참이 지나서야 춥다고 느끼게 된다.

이렇게 추위를 느끼기까지 시간이 걸리는 근본적인 이유는 우리의 몸이 대부분 물로 이루어져 있기 때문이다. 물은 천천히 더워지고 천천히 식으므로 한번 더워진 몸은 식을 때까지 시간이 많이 걸린다. 만일 우리 몸이 비열이 작은 물질로 구성되어 있다면 조금만 덥거나 추워도 견디지 못 할 것이다.

초저온 테라피

운동선수들의 근육통을 완화시키고 근육을 강화시키기 위해 초저온 테라피(therapy)가 개발되고 있다. 영하 110℃의 초저온 냉동실에서 근육을 움직이면 급격하게 에너지를 소모하게 되므로 단시간 내에 근육을 강화시킬 수 있다는 원리이다. 초저온에서도 짧은 시간 동안은 동상에 걸리지 않는 것은 우리 몸이 비열이 큰 물로 구성되어 있어 몸의 온도가 내려가는데 시간이 걸릴 뿐 아니라 공기를 통한 열전도량이 작기 때문이다.

추위를 견디지 못하는 곤충과 파충류

사람을 비롯한 포유류들은 비열이 큰 피가 온 몸을 순환하므로 온도의 변화에 잘 견딜 수 있다. 그러나 곤충은 피가 없어 바깥 온도를 그대로 몸으로 받아들인다. 따라서 곤충들은 온도가

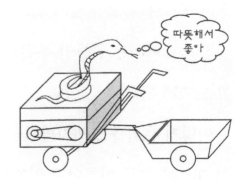

낮으면 거의 활동을 못하고 온도가 높아야 활개를 친다. 파충류도 곤충처럼 외부 온도에 민감하다. 시골에서 경운기 모터 위에 뱀이 똬리를 틀고 앉아 있는 것이 종종 관찰되는 것도 뱀이 따뜻한 것을 좋아하기 때문이다. 겨울이 되면 뱀은 추위를 견디지 못하고 땅 속에서 겨울잠을 잔다.

온도 스트레스를 적게 받는 물고기

비열이 작은 모래는 잘 뜨거워지고 잘 식는다. 따라서 낮에는 뜨겁고 밤에는 차가운 모래 사막에서 살고 있는 도마뱀은 온도 스트레스를 많이 받는다. 이에 반해서 비열이 큰 물 속에서 사는 물고기들은 온도 변화에 따른 고통과 스트레스를 적게 받으며 물이 주는 축복 속에서 살고 있다.

물체의 비열

물체에 열을 공급하면 온도가 상승하는데 물체의 종류에 따라 온도의 상승량은 다르다. 예를 들어 동일한 열량을 공급하더라도 물보다 철의 온도가 더 많이 상승한다. 이것은 똑같은 온도를 올리는데 드는 열량은 물보다 철이 더 작다는 것을 의미한다. 비열은 물질 1kg의 온도를 1℃ 높이는데 필요한 열량으로 정의하는데 물질마다 비열이 다르다. 즉, 열을 받아서 빨리 뜨거워지는 물질도 있고 천천히 뜨거워지는 물질도 있다. 비열이 큰 물질은 온도를 올리는데 더 많은 열량이 필요하기 때문에 온도가 잘 변하지 않는다.

물의 비열과 바람

물은 비열이 1로써 물질 중에서 가장 크다. 물의 비열이 큰 원인은 물 분자가 극성을 띠고 있기 때문이다. 즉, 물 분자의 한 쪽은 +, 다른 쪽은 − 전기를 띠는 구조로 되어 있어서 전기적인 힘으로 서로 밀고 끌어당겨 결속력이 강한 집합체를 이루고 있다.

물은 빨리 더워지지 않기 때문에 물을 뜨겁게 하기 위해서는 에너지를 많이 사용해야 한다. 커피 한 잔을 끓이는 데는 엘리베이터를 타고 남산 타워의 꼭대기까지 올라가는 것보다 더 많은 에너지를 필요로 한다.

다시 말하면 커피 한 잔을 끓이는데 드는 전기료가 엘리베이터를 타고 남산 꼭대기까지 올라가는데 드는 전기료보다 더 많이 든다는 이야기다. 또한 물체를 가열하든가 냉각시킨다든가 하는 데는 물체에 열을 공급하든지 뽑아내야 하는데 이러한 과정에도 시간이 많이 걸린다.

물은 다른 물질들에 비해 비열이 아주 크므로 기온과 날씨를 지배하는 중요한 요소이기도 하다. 지구는 오대양 육대주로 구성되어 있는데 지구에 똑같이 햇빛이 비치더라도 땅보다는 물의 온도가 천천히 상승하므로 육지와 바다의 온도 차가 생겨 해풍, 육풍, 계절풍 등의 바람이 불게 된다.

해풍과 육풍

바닷가에서는 낮에 부는 바람과 밤에 부는 바람의 방향이 서로 다르다. 햇빛이 비치는 낮에는 내륙 쪽이 바다보다 먼저 더워지므로 육지의 공기가 더 많이 팽창하고 가벼워져서 위로 올라가고 그 빈 자리를 메우기 위해 물에서 육지 쪽으로 바람이 불게 된다. 이것이 해풍이다.

밤에는 그 반대로 내륙 쪽이 바다보다 빨리 식어서 물 위의 공기가 육지의 공기보다 가벼워 육지에서 바다 쪽으로 육풍이 불게 된다. 마찬가지 이치로 호숫가에서도 낮과 밤에 서로 다른 방향으로 바람이 분다. 이러한 현상은 비열이 큰 물과 비열이 작은 땅이 서로 인접해 있기 때문에 나타난다.

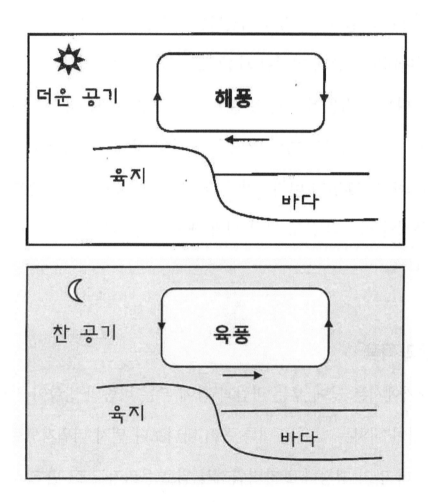

계절풍

비열 차가 큰 대륙과 해양 사이에는 낮과 밤에 따른 바람뿐 아니라 계절에 따라서도 바람을 일으킨다. 특히 우리 나라처럼 대륙과 해양의 경

190

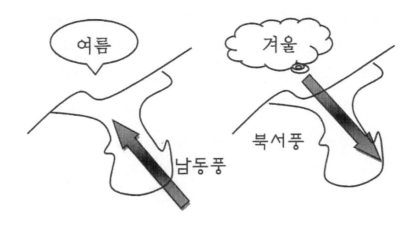

계 부근에 있는 나라에는 계절풍이 큰 영향을 미친다. 겨울철에는 대륙 쪽이 상대적으로 온도가 낮기 때문에 대륙에서 해양 쪽으로 바람이 분다. 즉 겨울철에는 건조하고 차가운 북서풍이 분다. 반대로 여름철에는 해양 쪽의 온도가 낮기 때문에 습하고 무더운 남동풍이 분다.

여름 더위와 겨울 추위는 갑자기 찾아온다

봄에서 여름이 되면서 날씨가 갑자기 더워지는 경우가 많은데 이것은 햇빛의 양이 많아지기 때문이 아니라 더운 공기가 갑자기 밀려오기 때문이다. 태양열을 받아들여서 주변의 공기를 모두 가열시키기 위해서는 엄청나게 많은 양의 열과 오랜 시간이 필요하지만 실제로는 하룻밤 사이에 온도가 갑자기 올라가는 경우가 많은데, 이것은 우리 나라 남쪽에 있던 더운 공기가 밀려오기 때문이다. 따라서 우리 나라의 여름은 덥고 습한

남쪽의 공기가 유입됨에 따라 무더운 날씨가 오래 계속된다. 반면에 겨울에는 북쪽의 건조하고 찬 공기가 들어오기 때문에 갑자기 추운 날씨가 되곤 한다.

겨울철에 며칠간은 춥다가 그 다음 며칠 동안은 비교적 따뜻한 삼한사온의 날씨도 북쪽의 찬 공기와 남쪽의 따뜻한 공기가 서로 밀고 밀리면서 생기는 현상이다. 이와 같이 온도가 급하게 변하는 현상은 공기가 가열되거나 냉각되기 때문이 아니라 덥거나 차가운 공기가 우리 주변을 둘러쌓기 때문에 생기는 현상이다.

습기는 온도 차를 줄인다

습기가 많은 무더운 장마철에는 노천에 있으나 나무 그늘에 있으나 덥기는 매 한가지이다. 그러나 건조한 지역에서는 더운 날씨인데도 불구하고 그늘에 들어서면 시원하다. 특히 습기가 적은 사막에서는 낮에는 매우 덥고 밤에는 매우 추워 낮과 밤의 기온 차가 심하다. 바다가 없는 내륙지방은 일교차도 크다. 그러나 바다와 호수가 서로 인접한 곳에서는 내륙에서 보다 기온의 일교차가 훨씬 적다.

동일한 지역이라도 계절에 따라 일교차는 다르다. 날씨가 건조한 봄과 가을에는 일교차가 심하지만 비가 와서 습기가 많은 여름에는 낮과 밤의 온도 변화가 적다. 또한 강수량이 많은 지역에서는 낮과 밤의 기온 차가 그리 크지 않다. 이와 같이 습기는 온도 차를 줄이는데, 이것은 물의 비열이 커서 열을 많이 저장할 수 있는 특성을 가지고 있기 때문에 일어나는 현상이다.

비열에 관한 속담

- 속히 더운 방이 쉬 식는다.
- 빨리 되는 일이 오래 계속되기 힘들다는 말.
- 더운 죽에 혀 데기.
- 대단치 않은 일에 낭패를 보아 얼마 동안 쩔쩔 맨다는 말.
- 대단치 않은 어떤 일에 겁을 내어 바싹 덤벼 들지 못한다는 말.

물과 얼음의 비열

비열은 물질의 성분뿐 아니라 상태에 의해서도 결정된다. 예를 들어 물과 얼음의 화학성분은 H_2O로 동일하지만 두 물질의 비열은 전혀 다르다. 물은 비열이 가장 큰 물질이지만 고체 상태인 얼음이 되면 비열은 물의 절반 정도로 작아진다. 그래서 얼음은 물보다 더 빨리 온도가 상승한다.

유리잔에 뜨거운 물을 부으면 깨진다

일반적으로 물질에 열을 가하면 부피가 늘어난다. 그래서 나사가 꽉 조여서 풀리지 않을 때는 뜨거운 불에다 갖다 대면 너트가 팽창해서 느슨해지므로 나사가 잘 풀린다. 유리잔이나 유리병의 경우는 갑자기 뜨거운 물을 부으면 깨지는 수가 많은데 이것은 '열전도율'과 관련된 현상이다. 유리는 열이 천천히 전달되는 물질이므로, 뜨거운 물을 넣으면 안쪽은 팽창하지만 바깥쪽은 미처 팽창하지 못한다. 이 때 더 이상 팽창할 수 없을 정도로 많이 팽창된 안쪽과, 아직 열이 충분히 도달하지 않아 팽창하지 못한 바깥쪽의 균형이 깨져서 잔이 부서진다. 특히 주스 병처럼 유리가 두꺼우면 병의 안쪽과 바깥쪽의 열팽창이 서로 많이 다르므로 깨지기 쉽다. 열전도에 따른 이러한 문제점을 해결한 것이 내열유리이다.

화분을 흙으로 만드는 이유는?

화분은 주로 흙을 구워서 만드는데, 이것은 화초에 미치는 온도 변화를 적게 하기 위한 것이다. 또한 우리 나라의 재래식 난방장치인 온돌은 넓적한 돌과 흙을 쌓아서 만들었으며 한번 더워진 방은 오랫동안 식지 않는다. 이것은 비교적 비열이 큰 재료를 이용해서 온도를 일정하게 유지한 것이다.

겨울에 야외에서 캠핑을 할 때는 돌멩이를 불에 달구거나 수통 속에 뜨거운 물을 넣어서 수건으로 감싼 후 안고 자면 오랫동안 따뜻하게 지낼 수 있는데, 이것도 비열이 큰 물질은 천천히 식는다는 점을 이용한 것이다.

양은냄비와 뚝배기

비열은 온도 변화의 빠르기와 관련된다. 즉, 비열이 큰 물질은 온도가 잘 변하지 않으며, 비열이 작은 물질은 온도가 쉽게 변한다.

음식물을 빨리 뜨겁게 할 때는 양은냄비가 좋지만 북어국이나 고깃국처럼 국물을 내는 음식을 요리할 경우는 두툼한 뚝배기에서 오랫동안 끓여내는 것이 좋다. 양은냄비는 비열이 작아서 빨리 더워지고 빨리 식는 반면, 뚝배기는 비열이 커서 천천히 더워지며 그 열기가 오랫동안 식지 않고 지속되기 때문이다.

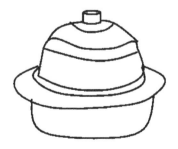

물로 불을 끄는 이유는?

일반적으로 불을 끄기 가장 손쉬운 방법은 물을 뿌리는 것이다. 활활 타오르는 불에 물을 부으면 인화점 이하로 온도가 내려가서 불이 꺼진다. 이렇게 불을 끌 때 물을 사용할 수 있는 것은 물의 비열이 크기 때문에 가능하다. 만일 물의 비열이 아주 작다면 불붙은 물질의 온도를 낮추기 전에 물이 먼저 뜨거워져서 불을 끄는데 전혀 도움이 되지 않을 것이다.

밴댕이 소갈머리

물고기 중에 밴댕이는 성질이 급해서 잡히자 마자 죽어버린다. 그만큼 속이 좁아서 스트레스를 많이 받아 죽는 것이다. 실제로 밴댕이는 크기에 비해 내장기관이 작다. 그래서 겉으로는 그럴듯해 보이지만 속이 좁은 사람을 표현할 때 '밴댕이 소갈머리'라고 한다. '밴댕이 소갈머리'는 비열이 작은 것을 나타낸다고 할 수 있다.

주식과 비열

주식의 가격이 오르고 내리는 것은 비열과 유사한 점이 있다. 일반적으로 대기업의 주식은 비열이 큰 물질처럼 서서히 오르고 서서히 내리는 반면, 중소기업의 주식은 비열이 작은 물질처럼 조그만 소문에 의해서도 급하게 오르고 급하게 내리는 경향을 가지고 있다. 특히 대규모 경제 위기가 발발하면 이러한 경향은 더욱 두드러지게 나타난다.

닝하스구곤

젊은이들이 만나자마자 뜨겁게 사랑했다가 금방 사랑이 식는 것을 필리핀어로 '닝하스구곤'이라고 한다. 사랑을 비열로 나타낸다면 '닝하스구곤'은 비열이 대단히 작은 풋내기 사랑이라고 할 수 있다.

기체의 비열

공평한 재산 분배

부모로부터 용돈을 받을 때는 나이나 성별에 따라 그 액수가 다른 경우가 많다. 흔히들 큰 아이는 많이, 작은 아이는 적게 받아서 막내가 서러운 경우도 있다. 그러나 기체의 경우는 공평하게 에너지를 분배한

다. 기체 분자는 공간을 자유롭게 움직이는데 공간의 X축, Y축, Z축 방향으로 직선운동을 하기도 하고 회전축을 중심으로 회전운동을 하기도 한다. 이때 분자는 직선축이나 회전축에 관계없이 각각의 축에 따라 에너지를 똑같이 분배받는다.

기체의 양은 알갱이 수로 나타낸다

열역학에서 물질의 양을 나타낼 때 고체나 액체는 질량으로 나타내지만, 기체는 분자의 갯수로 나타낸다. 이것은 고체나 액체는 분자들이 밀집되어 있는 반면에 기체는 분자들 사이의 거리가 멀어서 온도에 따라 기체가 차지하는 부피가 많이 변하기 때문이다.

기체 분자의 수가 아보가드로의 수(6.02×10^{23}개)일 때 그 기체의 양을 1몰(mole)이라고 한다. 몰이라는 단위는 분자를 의미하는 molecule에서 나온 말이다. 즉 몰이라는 기체의 양은 분자의 수로 나타냈다는 것을 시사하는 단위이다. 그리고 기체의 비열은 분자 1몰을 $1℃$ 높이는데 드는 열량인 몰 비열로 나타낸다.

에너지를 똑같이 나누어 가지는 에너지 등배법칙

기체에 열을 가하면 기체 분자의 운동이 활발져서 운동속도가 빨라진다. 이때 기체는 공간 중에서 움직이므로 가로(x), 세로(y), 높이(z) - 축 방향 중 어느 방향으로도 똑같은 확률로 움직이게 된다. 그래서 기체 분자가 외부로부터 열을 받으면 x - , y - , z - 방향으로 각각 1/3씩 열에너지를 나누어 갖게 된다. 만일 기체 분자가 공간의 3축 방향으로 직선운동만 하는 것이 아니라 회전운동도 한다면 공급된 열량은 세 개의 직선축

및 한 개의 회전축 등 도합 네 개의 축을 따라 각각 1/4씩 열량을 나누어 갖게 된다.

만일 세 축의 직선운동과 더불어 두 개의 회전축 방향으로 회전을 하면 다섯개의 축을 가지게 되므로 각각의 축의 방향으로 열을 1/5씩 나누어 갖는다. 열역학에서는 이러한 축의 수를 자유도라고 하는데 기체는 각각의 축 방향으로 동등하게 에너지를 분배하므로 이것을 에너지 등배법칙이라고 한다.

또한 자유도가 작은 물질에서는 각각의 축이 받는 열에너지가 크므로 기체 분자의 운동속도가 빠르고 자유도가 큰 물질일수록 운동속도가 느려진다. 기체 분자의 운동속도가 온도를 대변하므로 기체 분자의 자유도가 작을수록 온도가 빨리 올라감을 알 수 있다. 이와 같이 기체의 비열은 고체나 액체와는 전혀 다르다.

헬륨과 알곤 기체의 비열은 같다

기체 분자들이 열에너지를 받으면 분자들의 운동이 활발해지므로온도가 상승한다. 헬륨이나 알곤 기체와 같이 단원자 분자의 경우는 열에너지가 모두 분자의 직선운동을 하는데 사용된다. 이때 기체 분자 한 개를 1℃ 높이는 데 드는 열량은 기체 분자의 크기나 질량에 관계없이 항상 일정하다. 따라서 헬륨 기체와 알곤 기체의 온도를 높이는 데는 같은 열량이 필요하며 이들 기체의 비열은 서로 같다.

이원자 분자들끼리도 기체의 종류에 관계없이 비열은 같다. 예를 들어 산소와 질소는 크기와 질량이 서로 다르지만 이들은 비열이 같다. 그러나 온도가 어느 정도 이상 높아지면 비열은 갑자기 도약하여 더 큰 값을 갖는다. 이것은 열에너지가 분자들의 직선운동과 아울러 분자를 구성하고 있는 원자들의 회전운동에도 사용되었기 때문에 온도가 빨리 상승되지 않음을 의미한다. 그 후 온도에 따른 비열은 거의 일정한 값을 유지하다가 온도가 다시 어느정도 이상으로 증가하면 비열은 갑자기 또 한번 도약하여 더 큰 값을 갖는다. 이것은 열에너지가 분자들의 직선운동, 회전운동뿐 아니라 분자를 구성하고 있는 원자들의 진동에도 사용되었기 때문이다.

다원자 분자도 분자를 구성하는 원자들끼리 회전운동과 진동을 하므로 이원자 분자와 유사하게 온도에 따라 비열이 갑자기 변하는 현상이 나타난다.

이와 같이 고체나 액체의 비열은 물질에 따라 다르지만 기체의 비열은 단원자 분자들끼리는 물질의 종류에 관계없이 일정하다. 또한 이원자 또는 다원자 분자로 구성된 기체는 낮은 온도에서는 분자의 직선운동에만 열에너지가 사용되지만 높은 온도에서는 회전운동 및 진동에도 에너지가 사용되므로 일정 온도 이상이 될 때마다 비열이 급격히 상승한다.

정적비열과 정압비열

기체의 비열이란 기체 1몰(mol)의 온도를 1℃ 높이는데 필요한 열량을 말한다. 기체는 온도가 변할 때 부피와 압력이 변하므로 기체의 비열에는 부피를 일정하게 했을 때의 정적비열(定積比熱), 압력을 일정하게 했을 때의 정압비열(定壓比熱)이 있다.

이들 중 정적비열은 부피가 일정하므로 외부에서 공급받는 모든 열이 기체의 운동속도를 빠르게 하는 데만 사용된다. 그러므로 기체에 가해진 열은 모두 기체의 내부에너지가 된다. 이에 반해 정압비열은 기체의 압력을 일정하게 유지하므로 기체의 부피가 팽창하게 된다. 따라서 외부에서 공급받은 열 중의 일부는 부피를 증가시키는 데에 사용되고 나머지는 내부에너지를 증가시키는 데 사용되므로 부피를 일정하게 하는 것보다 더 많은 열량을 필요로 한다. 따라서 정압비열은 정적비열보다 항상 크다.

정적비열과 정압비열에 따른 온도 상승

부피가 똑같은 두 개의 통 속에 공기가 들어 있는데 이들 중 한 개는 부피가 일정하도록 하고, 다른 한 개는 압력이 일정하도록 하고 가열하였다면 어떤 통 속에 들어있는 공기의 온도가 더 빨리 증가할까?

이 경우, 부피가 일정한 통은 모든 열에너지가 온도 상승에만 사용된 반면에, 압력이 일정한 통은 온도 상승뿐 아니라 부피 팽창에도 열에너지가 사용되었다. 따라서 압력이 일정한 통은 상대적으로 더 적은 양의 열에너지가 온도 상승에 쓰였음을 알 수 있다. 그러므로 부피가 일정한 통 속에 있는 기체의 온도가 더 빨리 올라간다.

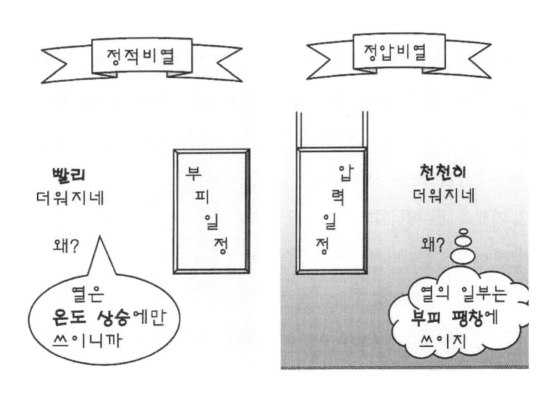

기체의 내부에너지

우리는 월급을 타면 그 돈을 생활비로 쓰고 남는 돈은 저금을 한다. 이 것을 열역학적으로 해석하면 월급은 외부에서 공급받은 열에너지, 생활비는 외부에 한 일, 저금은 내부에너지라고 할 수 있다.

그래서 '월급 = 생활비 + 저금'을 열역학적으로 풀이하면 '외부에서 공급받은 열에너지 = 외부에 한 일 + 내부에너지' 라고 할 수 있다.

경우에 따라서 월급보다 생활비가 더 들 때는 빚을 지게 되는데 이때는 '월급 = 생활비 + 빚'이 되며 이를 열역학에서는 '외부에서 공급받은 열에너지 = 외부에 한 일 + (-내부에너지)'라고 할 수 있다. 이와 같이 외부에서 열을 받으면 일을 하고 그 나머지는 내부에너지로 가지고 있게 된다.

기체의 내부에너지는 기체의 운동상태를 말하는데, 기체의 내부에너지가 클 때는 분자의 운동속도가 빠르다. 즉 온도가 높다. 반대로 내부에너지가 작을 때는 기체의 온도가 낮음을 의미한다.

기체의 내부에너지가 증가하는 경우는 단열수축할 때이다. 예를 들어 디젤 엔진은 실린더를 강하게 수축시켜 내부에너지가 증가되는데, 점화 플러그 없이도 발화될 정도로 온도가 상승한다. 또 다른 예로 자전거 바퀴에 공기를 넣으려고 펌프질 하면 펌프가 더워지는 것도 마찬가지 이유이다.

기체의 내부에너지가 감소하는 경우는 단열팽창할 때이다. 마른 공기가 상승하면 압력 차에 의해 부피가 팽창하므로 내부에너지가 감소되어 공기가 1km 상승할 때마다 온도는 10℃씩 내려간다.

이와 같이 내부에너지란 개념을 도입하므로써 열역학 시스템에서도 에너지보존법칙은 성립된다.

잠열
......

눈 내리는 날은 포근하다

눈이 내리는 겨울은 포근하게 느껴진다. 이것은 단순한 느낌이 아니
고 공기 중의 수증기가 눈으로 변하면서 주위에 열을 방출하기 때문에
실제로 더 따뜻한 것이다. 여름철에는 뜨거운 지붕 위에 물을 뿌리면 시

원해는 것도 물이 증발하면서 지붕에서 열을 빼앗아 가기 때문이다. 이와 같이 물이 수증기가 될 때는 열을 흡수하고 얼음이 될 때는 열을 방출하는 현상을 활용하면 건물을 시원하게 만들 수도 있고 따뜻하게 만들 수도 있다. 더울 때 땀이 나면 시원하게 느껴지는 것도 수분이 증발하면서 피부로부터 열을 빼앗아가기 때문이다.

빚쟁이는 빚을 갚은 후에 생활이 윤택해진다

딸린 식구가 많은 빚쟁이가 있었다. 그는 수입이 신통치 않아 여기저기서 돈을 빌리며 살았다. 그의 빚은 몇 달째 밀린 집세를 비롯하여 지인에게서 빌린 돈, 동네 가게 외상, 사채 이자 등등 이루 다 헤아리기 어려울 정도였다. 그러다가 그에게 꽤 많은 돈이 생겼다. 그러나 그 돈은 빚을 갚는데 우선 썼으므로 겉으로 보기에는 그의 생활은 나아지지 않았다.

이어서 계속해서 돈이 생기자 빚은 점점 줄어들고, 결국 빚을 다 갚고 난 후에 그의 생활이 윤택해지는 것이 눈에 뜨였다. 만일 그에게 빚이 없었다면 돈이 생기자 마자 살림살이가 금방 좋아졌겠지만, 빚이 있으면 빚을 갚는데 우선적으로 돈을 쓰게 되므로 겉보기에 윤택하게 되는 데는 시간이 걸리게 된다. 이와 같이 빚쟁이는 들어온 돈을 쓰는데 우선 순위가 있듯이 물체가 주어진 에너지를 사용하는 데는 순서가 있다.

물질의 상태 변화와 온도 상승

물체에 열이 공급되면 어떤 일이 벌어질까? 물체에 '열'이라는 에너지를 공급하면 물체를 구성하는 분자들의 운동 상태가 활발해지는데, 열은 물질의 상태를 변화시키는 데 먼저 사용되고, 그 후에 온도를 상승시키는 데 쓰인다. 열에너지가 고체에서 액체, 액체에서 기체 등으로 상태의 변화를 수반하면 온도는 전혀 변하지 않는다. 예를 들어 얼음에 열을 가하면 처음에는 얼음이 녹는데 열이 사용되고, 얼음이 모두 녹은 후에야 물의 온도를 상승시키는데 열에너지가 사용된다. 따라서 얼음이 완전히 녹기 전에는 아무리 가열해도 물의 온도는 일정하게 0℃로 유지된다.

이와 같이 물체의 상태가 변할 때는 열을 공급하더라도 온도가 일정하게 유지되며, 상태가 완전히 변한 후에 비로소 다시 온도가 상승한다. 이것은 물체가 열을 공급받아 분자들의 운동 상태가 아주 활발해지면 물체를 구성하는 분자들은 자기 자리를 유지하지 못하고 형태가 없어지기 때문이다.

반면에 열이 방출되면 온도가 내려간다. 이와 같이 열은 물체의 온도를 변화시키는데 사용되지만, 상태가 변할 때는 열을 받더라도 온도가 올라가는 것은 아니다.

보이는 열과 숨어있는 열

열에는 온도계로 측정할 수 있는 열뿐 아니라 온도계로 측정할 수 없는 열도 있다. 만일 물질을 가열하였을 때 온도가 올라가고 냉각시켰을 때 온도가 내려가면 온도계로 측정할 수 있으며, 이러한 열을 현열(sensible heat)이라 한다. 그러나 가열하거나 냉각하여도 전혀 온도가 변하지 않는 열이 있는데 이를 잠열(latent heat)이라고 한다.

잠열(潛熱)이란 물체의 상태가 고체에서 액체, 또는 액체에서 기체로 변화될 때 온도는 변화하지 않으면서 열을 흡수하므로 '숨어있는 열'이라는 뜻으로 붙인 명칭이다. 얼음물의 온도는 얼음이 다 녹을 때까지 0℃를 유지하고, 끓는물은 증발이 끝날 때까지 100℃를 유지하는 것은 잠열 때문에 일어나는 현상이다.

땀 흘리며 식사하기

한여름에 뜨거운 음식을 먹으며 땀을 뻘뻘 흘리면서도 시원하다고 말하는 사람들을 종종 볼 수 있다. 땀은 더울 때 흘리는 것이므로 땀을 흘린다는 것은 덥다는 의미인데, 시원하다고 말하는 것은 앞뒤가 맞지 않는

말이다. 그러나 음식을 먹으면서 땀을 흘리면 실제로 시원함을 느끼게 된다. 이는 땀이 흐르면서 몸에서 열을 빼앗아가므로 시원해지는 것이다.

뜨거운 바닥에 물 뿌리기

뜨거운 여름날 마당이나 지붕 위에 물을 뿌리면 시원하게 느껴진다. 그 이유는 물이 증발하기 위해서 주위로부터 열을 빼앗아가기 때문이다. 즉 물은 지붕으로부터 증발 잠열을 빼앗아 증발하고 지붕은 냉각되므로 집이 시원해진다. 이는 지붕의 현열이 수증기의 잠열로 변화되기 때문이다. 이와 같이 건물에서 잠열을 활용하여 증발 냉각을 시킬 수 있다. 몸에 물을 끼얹거나 땀이 증발하면 많은 열을 피부로부터 빼앗아 피부가 냉각되므로 시원하다. 이는 피부의 현열이 수증기의 잠열로 변화되기 때문이다.

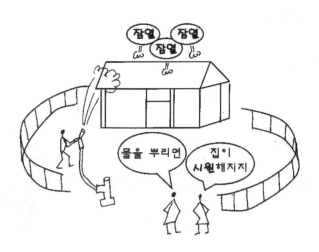

베란다에 물을 놓아두면 화초가 얼지 않는다

추운 겨울에 베란다에 물을 놓아두면 밤새 얼음으로 언다. 그러나 물이 얼면서 열을 방출하므로 베란다의 온도는 물이 없을 때보다 상대적으로 더 따뜻하게 되어 화초는 얼지 않는다. 얼음이 녹을 때 방출되는 열량은 같은 양의 물의 온도를 80℃나 높일 수 있는 정도이다.

이와는 반대로 여름에는 베란다에 얼음을 놓아두면 얼음이 녹으면서 주위로부터 열을 흡수하므로 더 시원하게 된다.

뜨거운 물보다 수증기에 데었을 때 더 심한 화상을 입는다

물과 수증기의 온도가 똑같이 100℃이더라도 물에 데었을 때보다 수증기에 데었을 때 더욱 심한 화상을 입는다. 이것은 수증기가 물보다 더 많은 열량을 가지고 있기 때문이다. 100℃ 물 1g을 수증기로 만드는데 539칼로리의 열량이 필요하므로, 수증기는 물보다 이만한 열량을 더 가지고 있다. 따라서 수증기가 가지고 있는 잠열이 현열보다 얼마나 큰지 알 수 있다.

토네이도

저기압이 발달되면 바다에서는 태풍이 발생하지만 대륙에서는 강력한 회오리 바람인 토네이도가 발생한다. 봄이나 여름에 땅은 따뜻하고 윗쪽 대기는 차가운 기온의 역전(逆轉) 현상이 생기면 중심 기압이 바깥보다 낮아서 거의 연직 방향의 축 주위에 기둥 모양의 공기 소용돌이가 만들어진다. 이러한 토네이도는 기둥의 지름이 200m 정도인 것이 많다. 회오리 기둥 안은 기압이 급격히 낮아져 있으며, 기둥 모양의 소용돌이 바깥에서 빨려 들어온 공기는 기압이 급격히 낮아지기 때문에 단열냉각에 의해 수증기가 응결하여 코끼리 코 모양을 한 깔때기구름이 생성되며 이때 많은 양의 잠열을 지니게 된다.

토네이도는 소규모 현상인데 대부분 저기압성으로 회전하며, 지면에서 회오리 속으로 빨려 들어가는 공기는 나선 계단 모양으로 꼬이면서 상승한다. 토네이도는 일반적으로는 경로의 길이가 30~50km로 끝나는 경우가 많다. 그러나 400km 이상이나 되는 거리를 휩쓸고 지나가는 것도 있다. 시카고와 같은 대도시에는 콩크리트 건물이나 아스팔트 도로 등이 열을 흡수하므로 잠열의 효과가 적어져 토네이도에 의한 피해가 거의 발생하지 않는다.

태풍

잠열의 힘이 가장 강하게 느껴지는 경우는 태풍이다. 적도 부근의 뜨거운 바닷물이 증발되면 수증기가 발생하고 이 수증기가 물방울이 되면서 만들어진 저기압이 태풍이다. 이 과정 중 수증기가 물방울로 변할 때는 열을 방출하지만 온도의 변화는 나타나지 않고 잠열로 저장된다. 이 태풍은 계속해서 열대의 바다 위를 진행하며 구름을 형성하면서 막대한 양의 잠열을 축적하며 성장하게 된다. 성장한 태풍이 육지에 상륙하면 모든 에너지를 비와 바람으로 방출하고 소멸한다.

물의 기온조절

물이 얼어서 얼음이 될 때는 열을 방출한다. 반면에 얼음이 녹아서 물이 될 때는 주위에서 열을 흡수한다. 따라서 여름에 방 안에 얼음 덩어리를 놓아두면 얼음이 녹으면서 주위의 열을 흡수하므로 방 안이 시원하게 되고, 추운 겨울에 베란다에 물을 놓아 두면 물이 얼면서 열을 방출하여 베란다의 온도를 높여준다.

액체 상태인 물을 기체 상태인 수증기로 만드는 데는 훨씬 더 많은 열

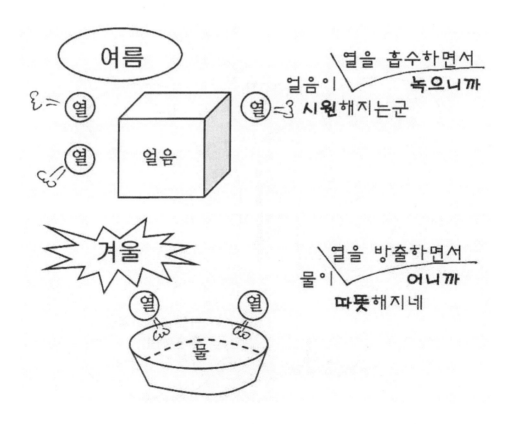

량이 필요하다. 물이 수증기가 될 때 많은 열을 흡수한다는 것은 수증기가 물이 될 때는 많은 열을 내어 놓는다는 것을 뜻한다. 이와 같이 물은 얼음이나 수증기가 되면서 주위의 온도가 급격히 변화되는 것을 완화시켜준다.

잠열의 특성과 유사한 속담

- 보이지 않는 것이 더 무섭다.
- 잘난 체 떠드는 사람보다 침묵하고 있는 사람이 더 무섭다는 뜻.
- 때리는 시어머니보다 말리는 시누이가 더 무섭다.
- 가장 자기를 위해 주는 듯이 하면서 속으로는 해하려는 사람이 가장 밉다는 비유.

영하에서도 얼지 않는 물

얼음이 되려면 물 분자들이 정육각형 구조로 배열되어야 하는데 이 과정에는 시간이 필요하다. 특히, 불순물이 없는 순수한 물은 얼음이 되는 속도가 느리므로 물을 아주 빨리 냉각시키면 물 분자들이 얼음의 구조를 만들지 못하여 0℃ 이하에서도 얼지 않는 경우가 있다. 이와 같이 용융점 이하로 온도가 내려가도 상변화가 일어나지 않는 현상을 과냉이라 하며, 그런 상태는 지나치게 냉각되었다는 뜻으로 '과냉각상태'라고 부른다.

물체가 과냉각상태로 되면 일종의 준안정상태가 되어, 아주 작은 자극에 의해서도 그 불안정한 평형상태가 깨져서 안정된 상태로 옮아가기 쉽다. 예컨대 물은 1기압일 때 0℃ 이하에서는 얼음으로 존재하는 편이 열역학적으로 안정된 상태이지만, 서서히 냉각하면 0℃ 이하의 온도가 되어도 응고하지 않고 액체로 있을 수가 있다. 이러한 과냉각수에 물 분자들을 끌어당겨서 일정한 모양으로 배열시키는 역할을 하는 이물질을 투입하거나 외부로부터 약간의 충격을 가하면 준안정상태가 깨지면서 갑자기 고화(固化)되기 시작하여 액체의 온도가 응고점까지 올라가고, 그 온도에서 안정된 평형상태, 즉 고체 상태를 유지하게 된다.

깊은 산 속 옹달샘

바람이 불지 않는 깊은 산 속 옹달샘은 추운 겨울 날에도 얼지 않은 채로 있을 때가 있다. 그런데 물을 마시려고 옹달샘에 쪽박을 넣으면 순간적으로 물이 언다. 이것은 옹달샘이 천천히 냉각되어 0℃ 이하에서도 얼지 않고 있다가 외부로부터 충격을 받아 고체 상태의 핵 생성이 급속히 일어났기 때문이다. 이와 같이 0℃ 이하에서도 얼지 않는 과냉은 깊은 산 속 옹달샘처럼 불순물이 적을수록 잘 일어나며 외부의 자극에 의하여 쉽게 깨진다.

슬러시 음료

물이 담긴 페트병을 냉동실에 넣었다가 꺼내서 충격을 주면 순식간에 언다. 이는 페트병 물이 0℃ 이하로 내려가 있지만, 압력이나 자극이 없어서 얼지 못하는 과냉각 상태로 있다가 압력을 받아 스스로 모여서 얼음을 형성하는 것이다. 이러한 과냉각 현상을 이용한 탄산음료

는 얼음보다 부드러운 슬러시 형태로 되어 있어 마시기가 용이하다.

구름과 안개는 과냉상태

공기의 온도가 내려가서 이슬점 이하가 되어도 수증기인 채로 있는 경우도 있는데 이것도 과냉 현상이다. 구름이나 안개처럼 대기 중의 작은 물방울이 0℃ 이하에서도 얼지 않고 액체 상태로 존재하는 것은 위와 같은 현상 때문이다. 구름 알갱이는 -10℃ ~ 0℃에서는 주로 과냉각 물방울로, -20℃ ~ -10℃에서는 과냉각 물방울과 얼음 알갱이가 섞인 상태로, -20℃ 이하에서는 거의 얼음 알갱이로 존재한다. 때로는 -40℃의 낮은 온도에서도 과냉각 물방울이 관측되기도 한다. 과냉각은 안정한 상태가 아니므로 외부에서 진동을 주거나 물리적인 충격을 주면 즉시 상전

이를 일으켜 물방울이 얼음 알갱이로 변화된다.

대기 속에 떠있는 눈 입자도 물의 과냉각현상이다. 만약, 과냉각된 눈 입자 사이에 얼음 알갱이가 내려오면, 과냉각된 눈 입자 주위의 증기압이 얼음 알갱이 주위의 증기압보다 크므로 눈 입자는 증발하고 반대로 얼음 알갱이는 성장하게 된다. 이렇게 해서 성장한 얼음 알갱이는 눈의 결정이 되어 지상으로 떨어진다. 또한 산악지대에서는 추운 겨울에 과냉각된 눈 입자가 나무나 풀에 충돌하여 동결되면서 마치 눈 괴물처럼 기괴하고 환상적인 수빙(樹氷)이 만들어진다.

순금속의 과냉 현상

일정한 온도에서 응고하는 순금속에도 과냉 현상이 있다. 즉 순금속의 용액을 서서히 냉각시키면 응고점까지는 온도가 내려가다가 응고점에 이르면 순금속이 응고되면서 방출한 용융 잠열로 말미암아 잠시동안 일정한 온도를 유지한다. 그리고 응고가 완료되면 다시 온도가 내려간다. 그러나 실제로 용융 금속을 냉각시키면 열역학적 응고점보다 낮은 온도에서 응고가 시작된다. 즉 응고점에서 고체가 되지 않는 경우가 있다.

이와 같은 과냉이 응고온도 이하까지 진행되면 고체 상태의 핵 생성이 급속히 일어나게 되며 응고에 따른 용융 잠열의 방출에 의해 다시 평형온도까지 온도가 상승한다. 이러한 과냉은 응고 진행 중 열의 방출이 클수록, 그리고 액체 상태의 금속 중에 결정핵을 형성할 수 있는 합금 성분이 적을수록 더욱 커진다.

열역학 2법칙

엎질러진 물은 도로 담을 수 없다

강태공은 초야에 묻혀 있으면서 낚시바늘을 곧게 편 채로 연못에 드리우고 고기는 낚지 않고 자신을 알아주는 사람이 나타날 때까지 세월만 낚고 있었다. 그러자 부인 마씨는 집을 나가버렸다. 후일 강태공이 주 나

라의 문왕을 도와 천하를 통일하고 황제 다음의 높은 자리에 오르자 그를 버리고 나갔던 부인이 돌아와서 다시 자신을 받아 줄 것을 간청했다. 그러자 강태공이 물을 길바닥에 쏟아 부은 후 도로 주어 담으라고 하였다. 전처가 엎질러진 물을 담으려고 애를 썼으나 할 수 없음을 알고 한탄하자 강태공은 "한번 쏟아진 물은 도로 담을 수 없고 (복수불반분 覆水不返盆), 한번 헤어졌으면 다시는 같이 살 수 없다"고 부인의 청을 거절하였다. 이러한 고사로부터 다시 돌이킬 수 없는 경우를 일러 '엎질러진 물'이라고 하는데 열역학에도 이와 같이 뒤로 되돌릴 수 없는 방향이 있다.

시골길과 서울 길

시골 노인이 사는 집에서 조금 떨어진 곳에 정자가 있었다. 그는 정자까지 갔다가 그 길을 되돌아 오면 그의 집에 도착하였다. 그래서 그는 갔던 길을 반대로 돌아서 오면 원위치에 돌아온다는 것을 너무나 당연하게 여겼다.

한 번은 그가 서울로 봄 나들이를 갔다. 친구들과 함께 서울역에 내린 후, 앞으로 곧장 가서 공원에 도착했다. 공원에서 다시 서울역으로 되돌아올 때도 곧장 뒤돌아 왔지만 그는 전혀 엉뚱한 곳에 도착하였다. 그는 결국 스스로 서울역에 돌아올 수는 없었다. 이렇게 시골길처럼 스스로

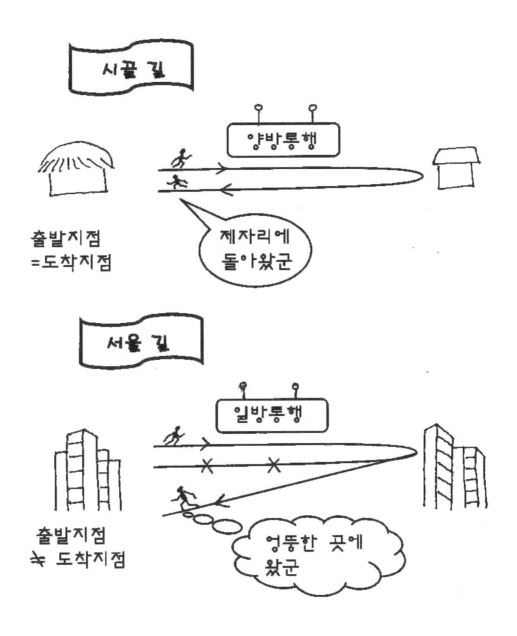

원래의 상태로 되돌아갈 수 있는 현상을 열역학에서는 가역 과정이라고 하며, 서울 길처럼 원래의 상태로 되돌아갈 수 없는 현상을 비가역 과정 이라고 한다.

잠자리 애벌레의 못 다 이룬 약속

연못 속에 사는 잠자리의 애벌레들은 바깥 세상이 매우 궁금했다. 어찌된 일인지 함께 지내던 애벌레들은 밖으로 나가기만 하면 되돌아오지 않는 것이었다. 그래서 애벌레들은 누구든 밖에 나가게 되면 다시 돌아와서 바깥 세상의 모습을 전해주기로 약속을 하였다. 그러나 어찌된 일인지 굳은 약속에도 불구하고 되돌아온 애벌레는 아무도 없었다. 드디어 자기는 무슨 일이 있어도 틀림없이 되돌아 오겠다고 마음먹은 한 애벌레가 연못 밖으로 나오게 되었다.

자신도 모르는 사이에 허물을 벗고 날개가 몸에서 돋아 나왔다. 날개를 움직이니 몸이 공중에 떠올랐다. 애벌레는 잠자리가 된 것이었다. 한

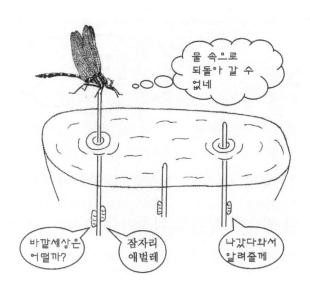

참을 날다가 다시 연못 위로 돌아 오니 연못 속에서 다른 애벌레들과 한 약속이 생각났다. "나는 연못 속에 있는 동생들에게 돌아가서 바깥 세상을 알려 줘야지." 잠자리가 된 애벌레는 연못 속으로 돌아가려 했으나 그의 몸에는 날개가 돋아 도저히 물 속으로 들어갈 수가 없었다. 드디어 그는 깨달았다. 잠자리가 애벌레로 돌아갈 수 없는 것처럼 세상은 돌이킬 수 없는 것이라고…. 현명한 잠자리는 비가역 과정을 깨달은 것이다.

열역학 제2법칙

자연에 일어나는 열역학 과정은 에너지보존법칙을 따르지만 이것만으로 설명되지 않는 현상이 있다. 그것은 에너지가 한 쪽 방향으로만 흐르고 반대 방향으로는 흐르지 않는 것이다. 즉 '열에너지는 항상 고온에서 저온으로 흐르며 그 반대 방향으로는 흐르지 않는다'. 자연현상 가운데는 이와 같은 비가역적 과정이 많은데, 이러한 비가역성을 언급한 것이 열역학 제2법칙이다. 열역학 제2법칙은 열역학 과정에서 무질서도로 나타내어지기도 한다. '열 현상은 분자들이 무질서한 운동을 하는 방향으로 진행되며, 그 반대 방향으로는 일어나지 않는다.' 기체의 자유팽창, 고온에서 저온으로의 열 이동, 마찰에 의한 열의 발생, 잉크 방울의 확산, 바위의 풍화작용 등이 그 예이다.

유머

<천국을 아는 이유>

부흥회를 인도하는 목사님이 천국은 매우 아름답고 좋은 곳이라고 자세히 설명했다. 가만히 듣고 있던 한 어린이가 예배 후에 목사님을 찾아가 질문했다.

어린이 : 목사님은 한번도 가보시지 않고 어떻게 그곳이 좋은 곳인지 알 수 있지요?

목사님 : 응, 그것은 아주 쉽단다. 왜냐하면 하늘나라가 싫다고 되돌아온 사람은 아직까지 한 사람도 없었거든.

엔트로피 법칙의 발견

물리학자들은 18세기에 이르러 열과 일의 본성이 동일한 에너지이며 에너지에 열까지 포함시키면 확장된 에너지보존법칙으로 열역학 제1법칙이 성립함을 발견하게 된 후에 열을 일로 바꾸는 장치인 열기관에 대해 활발한 연구가 시작되었다. 그러는 과정에서 열을 계속하여 공급하지 않고도 기관을 움직이게 할 수 있는 영구기관을 궁리하고, 주어진 열로부터 얻을 수 있는 일의 최대량을 추구하다가 열역학 제2법칙이 발견되었다.

즉 열기관에서 열을 일로 바꾸는 과정에서 일부의 열은 저절로 낮은 온도로 흘러가 허비되기 때문에 열기관에서 '주어진 열을 100% 일로 바꾸는 열기관을 만드는 것은 불가능하다'는 것을 알게 되었다. 또한 열기관에서는 고온의 열원에서 열을 얻어 이 열의 일부를 냉각기 같은 저온 열원으로 흘려 보내는 과정에서만 일을 할 수 있고, '고온에서 얻은 열을 전부 일로 바꿀 수는 없다'는 것을 알게 되었는데 이것이 열역학 제2법칙을 설명한 말이라고 볼 수 있다.

열기관과는 반대로 냉장고나 에어컨과 같은 냉동기는 낮은 온도의 계에서 열을 빼앗아 높은 온도의 계로 옮기는 장치이다. 열이란 높은 온도에서 낮은 온도로는 저절로 흐르지만 그 반대 방향으로는 저절로 흐르지 않으므로 낮은 온도에서 높은 온도로 열을 옮기려면 외부에서 냉동기에 일을 해주어야 한다. 그래서 열역학 제2법칙을 '다른 효과 없이 오직 저온계에서 고온계로 열을 이동시키는 과정은 불가능하다'라고 표현할 수도 있다.

이와 같이 열역학 발전의 초기 단계에는 열역학 제2법칙을 여러 가지 방법으로 표현하였다. 그렇지만 열역학 제2법칙과 같은 자연 법칙은 위의 예에서처럼 각 경우마다 특별히 표현하기 보다는 모든 경우에 다 적용될 수 있도록 포괄적으로 표현하는 방법을 찾는 것이 바람직하다. 클라우지우스는 열역학 과정에서 일어나는 방향성을 '엔트로피'라는 수학적인 양을 통하여 모든 경우에 해당될 수 있도록 열역학 제2법칙을 '어떤 일이 자연스럽게 일어나면 그 계의 엔트로피는 증가하거나 아니면 최소한 변하지 않는다'라고 표현하였다.

인디언 처녀의 신랑감 고르기

어떤 인디언 부족은 처녀들에게 신랑감을 고르는 지혜를 가르치기 위해 무성하게 자란 옥수수 밭으로 딸을 데려간다고 한다. 그곳에서 이랑 하나를 지목하며 말하기를 "앞으로 가면서 가장 크고 잘 여문 옥수수를 하나 따서 바구니에 담아라. 단 절대로 뒤로 되돌아가면 안 된다"고 한

다. 딸아이는 아주 쉬운 일이라고 생각하며 고랑으로 들어선다. 초입에도 제법 괜찮은 옥수수가 많지만 눈 앞에 옥수수대가 많으므로 서두르지 않고 건성으로 지나친다. 밭 중간쯤에선 신경써서 고르겠다고 생각하지만, 앞에 더 좋은 게 있을 것 같아 미적거리다가 후반부에선 조급증이 든다. 그러다가 뒤쪽에 있는 옥수수가 더 좋았던 것 같아 그냥 지나친 것들에 대한 미련이 고개를 들고 결국은 고랑 끝까지 가도 바구니는 비어있게 된다. 이러한 경험을 한 처녀들은 지혜롭게 신랑감을 고르게 된다는 학습법인데 이것은 신랑감 고르기가 비가역 과정이란 것을 시사하는 이야기이다.

열은 뜨거운 곳에서 찬 곳으로 이동한다

온도가 다른 두 물체를 접촉시켜 놓으면 뜨거운 물체의 열이 차가운 물체로 흘러서 뜨거운 물체의 온도는 낮아지고 차가운 물체의 온도는 높아져서 최종적으로는 두 물체의 온도는 같아진다. 그러나 반대로 두 물체를 접촉시켜 놓았을 때 차가운 물체는 더 차가워지고, 뜨거운 물체는 더 뜨거워지는 일은 일어나지 않는다. 즉 열은 뜨거운 물체에서 찬 물체로는 흐르지만 저절로 그 반대 방향으로 흐르지는 않는다

여름에는 물이 저절로 얼음이 되지 않는다

더운 여름에 얼음을 실내에 꺼내 놓으면 주위에서 열을 흡수하여 저절로 녹아서 물이 된다. 그러나, 녹은 물이 열을 방출하면서 저절로 얼음이 되지는 않는다. 이와 반대로 추운 영하의 날씨에는 물이 얼어서 저절로 얼음이 될 수는 있지만 얼음이 저절로 녹아서 물이 되지는 않는다. 이러한 현상들은 열이 한쪽 방향으로만 이동하기 때문에 일어나는 현상이다.

물은 저절로 끓는 물과 얼음으로 나누어지지 않는다

찬물과 더운물을 섞으면 저절로 미지근한 물이 되지만 미지근한 물이 저절로 뜨거운 물과 찬물로 나누어지지는 않는다. 이와 유사하게 뜨거운 물에 얼음을 넣으면 저절로 미지근한 물이 되지만 미지근한 물이 저절로 끓으면서 얼음이 튀어나오지는 않는다. 이와 같이 온도가 변화되는 데는 방향성이 있다.

돌아오지 않는 후커우 폭포

중국의 산시성과 섬서성의 경계에는 황하 강이 흘러서 만들어진 후커우 폭포가 있다. 이곳 폭포의 이름이 후커우(壺口)로 지어진 것은 폭포가 소용돌이치며 흘러내리는 모습이 마치 주전자 주둥이(壺口)에서 물이 쏟

아져 내리는 형태 같기 때문이라고 한다. 당나라 시인 이백은 후커우 폭포의 기세를 두 구절의 시로 묘사하였다.

황하 강물은 하늘에서 내려와서 黃河之水 天上來

요동치며 바다로 흘러 돌아오지 않는다. 奮流到海 不復回

폭포수가 바다로 흘러가기는 하지만 돌아오지는 않는 것처럼 자연현상은 대부분 한 쪽 방향의 일은 일어나지만 그 반대 방향으로는 일어나지 않는 비가역 과정이다.

폭포는 위로 흐르지 않는다

폭포에서 떨어지는 물은 항상 위에서 아래로 떨어진다. 왜, 폭포의 물이 아래에서 위로 거슬러 올라가지 않는 것일까? 얼핏 생각하면 폭포의 물은 아래쪽에 있을 때가 에너지가 작아서 그럴 것 같으나 실제로는 높은 곳에 있을 때나 낮은 곳에 있을 때나 역학적 에너지는 항상 같다. 왜냐하면 높은 곳에 있을 때는 위치에너지는 크지만 운동에너지는 작고, 낮은 곳에 있을 때는 위치에너지는 작지만 운동에너지는 크므로 이들을 합한 전체 에너지는 항상 일정하다. 그럼에도 불구하고 폭포에서 떨어지는 물은 항상 위에서 아래로 떨어지며 폭포의 물이 거슬러 올라가지는 않는다.

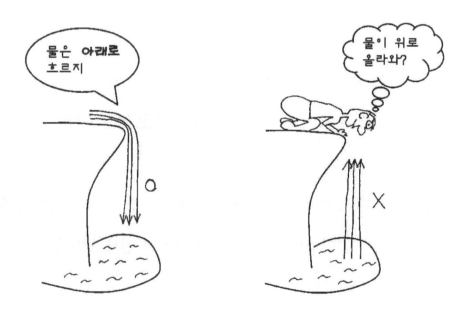

거시적인 하나의 물체, 미시적인 수많은 입자들

물체 하나만 움직이는 경우를 살펴보면 그 경로는 뉴튼의 운동 법칙에 의해 결정된다. 그래서 물체가 받는 힘과 물체가 움직이기 시작한 초기 조건만 결정되면 나머지 운동은 한 가지로 결정된다. 따라서 대포 포신이 향한 각을 일정하게 고정하면 포탄이 떨어지는 곳을 미리 예견할 수 있다. 이러한 역학 과정의 특징은 주어진 조건에 따라 마치 영화 필름을 거꾸로 돌리는 것과 같이 똑같은 운동이 거꾸로 진행되기도 한다는 것이다. 이와 같이 역학 과정은 어느 한 방향으로만 진행하도록 정해져 있는 것이 아니라 초기 조건이 같으면 같은 힘을 받는 물체의 운동은 모두 동일하며 그 운동은 뉴튼의 운동 법칙이나 에너지보존법칙만으로 모두 결정된다.

그런데 이와 같은 역학 과정을 결정하는 운동 법칙이나 에너지 보존법칙만으로는 수많은 입자들의 전체 운동이 보여주는 열역학 과정의 방향성을 설명할 수가 없으며 또 다른 법칙을 필요로 한다.

기체는 항상 퍼져 나간다

자연에서 한 가지 방향으로만 이동하는 것은 열뿐 아니다. 상자를 둘로 나누어 왼쪽에는 공기를 가득 넣고 오른쪽에는 진공으로 한 다음 중

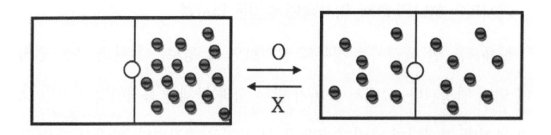

간에 구멍을 뚫으면 양쪽의 압력이 같아질 때까지 공기가 구멍을 통해 왼쪽에서 오른쪽으로 나가지만 오른쪽의 공기 분자가 원래의 상태대로 모두 왼쪽으로 옮겨가지는 않는다. 즉 구멍을 통하여 공기가 왕래하는데 도 방향성이 있다. 잉크 방울이 물에 퍼지는 것도 방향성이 있다. 투명한 물에 떨어진 잉크 방울은 시간이 흐를수록 퍼져서 물이 모두 푸른색이 되지만 그 반대로 물에 퍼진 잉크 분자들이 스스로 다시 모여서 잉크 방 울을 만들고 푸른색 물이 투명해지지는 않는다. 즉 유체의 확산을 역으

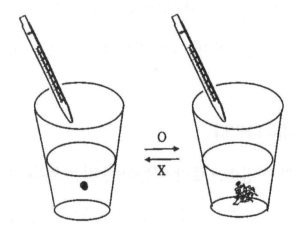

로 진행시켜 원래의 상태로 되돌릴 수는 없다.

이와 같이 열이 높은 온도에서 낮은 온도로 흐르고, 공기 분자가 높은 압력에서 낮은 압력으로 이동하며, 잉크가 퍼져나가는 것은 흔히 볼 수 있는 현상인데 여기에는 공통점이 있다. 첫째는 자연스럽게 일어나는 방향성을 가지고 있으며, 둘째는 수많은 입자들이 불규칙적으로 움직이는 운동이라는 것이다. 이와 같이 수많은 입자들이 모인 계의 불규칙한 운동이 한 방향으로만 진행하고 그 반대 방향으로는 진행하지 않는 성질을 열역학 과정의 비가역성이라고 한다.

퇴행성 관절염

세월이 흐르면 젊은이가 노인이 되지만 노인이 젊은이가 될 수는 없다. 나이가 들어서 생기는 퇴행성 관절염이나 신체의 노화 현상은 모두

비가역 현상 때문에 일어나는 일들이다. 기계를 사용하면 점점 낡아지고 망가질 뿐이고 결코 새 것이 되지는 않는다는 것도 마찬가지 이치이다.

깨진 그릇 맞추기

그릇이 깨지기는 쉽지만 깨진 그릇이 저절로 붙어서 원래 상태로 되지는 않는다. 속담 중에도 수습할 수 없을 만큼 일이 잘못되어 다시 종전과 같이 되돌릴 수 없다는 뜻으로 '깨진 그릇 맞추기'라는 말도 있다. 온전한 그릇이 질서가 잘 잡혀있는 상태라면 그릇이 깨져서 파편이 되면 무질서한 상태로 된 것이라고 할 수 있다.

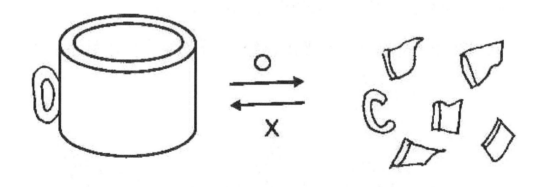

빈익빈 부익부(貧益貧 富益富)

인간 세상에서는 열역학 2법칙에 어긋나는 일이 자주 일어난다. 쌀 아흔아홉 섬 가진 사람이 쌀 한 섬 가진 사람의 쌀을 빼앗아 부자는 더욱 부자가 되고 가난한 사람은 더욱 가난해지는 빈익빈 부익부 현상이 그 중 한 예이다.